OTTO DITTMAR

Formzahluntersuchungen
mit dem Ziel der Verbesserung von Holzmassen- und -zuwachsermittlung langfristiger forstlicher Versuchsflächen

WISSENSCHAFTLICHE ABHANDLUNGEN

NR. 36

Formzahluntersuchungen mit dem Ziel der Verbesserung von Holzmassen- und -Zuwachsermittlung langfristiger forstlicher Versuchsflächen

von

OTTO DITTMAR

DEUTSCHE AKADEMIE
DER LANDWIRTSCHAFTSWISSENSCHAFTEN ZU BERLIN

AKADEMIE-VERLAG · BERLIN

1958

Anschrift des Verfassers:
Dr. Otto Dittmar
Institut für Forstwissenschaften
der Deutschen Akademie der Landwirtschaftswissenschaften
zu Berlin
Abt. Ertragskunde (Forstl. Versuchsanstalt)
Eberswalde

1958
Herausgegeben von der Deutschen Akademie der Landwirtschaftswissenschaften zu Berlin
Vorgelegt von Herrn Prof. Dr. Richter und Herrn Prof. Dr. Erteld, Eberswalde
Erschienen im Akademie-Verlag GmbH, Berlin W 8, Mohrenstraße 39
Lizenz-Nr. 202 · 100/287/58
Kartengenehmigung des MdI Nr. 3963
Satz, Druck und Einband: Druckhaus „Maxim Gorki", Altenburg
Bestell- und Verlagsnummer: 2068/36
Printed in Germany

VORWORT

In der vorliegenden Arbeit[1]) wird der Versuch unternommen, die Bestandesmassenermittlung im forstlichen Versuchswesen durch Verbesserung der Formzahlherleitung auf eine „bestandesindividuelle" Grundlage zu stellen. Es soll auf diese Weise ermöglicht werden, Massen- und Zuwachsvergleiche zwischen Beständen mit genügender Sicherheit durchzuführen, auch wenn nur wenige Durchforstungsstämme für genaue Erhebungen zur Verfügung stehen. Gleichzeitig wird ein Vorschlag zur Lösung des Problems gemacht, wie die erstrebenswerte Synthese zwischen echter Formzahl als Formigkeitsweiser und unechter Formzahl als Massenreduktionsfaktor verwirklicht werden kann.

Die zur Klärung dieser Fragestellungen erforderlichen Untersuchungen vor allem methodischer Art sind mannigfaltig und konnten nur mittels biometrischer Methoden sicher durchgeführt werden.

Bei den ertragskundlichen Aufnahmen der langfristigen forstlichen Versuchsflächen der Abteilung Ertragskunde (Forstliche Versuchsanstalt) des Instituts für Forstwissenschaften Eberswalde erhielt ich ab 1952 die Anregungen zu den Untersuchungen. Herr Prof. Dr. ERTELD erachtete sie als Leiter der Abteilung Ertragskunde für wichtig genug, um für das Jahr 1955 einen Forschungsauftrag dafür zu beantragen. In Durchführung desselben konnte ich meine bis dahin vorliegenden diesbezüglichen Arbeiten vervollständigen und zum Abschluß bringen. Herr Prof. Dr. ERTELD betreute die Untersuchungen und gestattete mir, daß ich auch über das von mir bei den Versuchsflächenaufnahmen erhobene Grundlagenmaterial hinaus anderweitiges der Versuchsanstalt für meine Arbeiten heranzog. In jedem der beiden Fälle bin ich ihm sehr zu Dank verpflichtet. Mein besonderer Dank gilt weiterhin dem Herrn Direktor des Instituts für Forstwissenschaften Eberswalde, Prof. Dr.-Ing. RICHTER, der mir gestattete, vor-

---

[1]) Wesentlich gekürzte Fassung einer 1956 von der Forstwirtschaftlichen Fakultät Eberswalde der Humboldt-Universität zu Berlin angenommenen Dissertationsschrift gleichen Themas.

liegende Forschungsauftragsergebnisse als Dissertation zu verwenden und mir einige mathematische Hinweise gab.

Nicht zuletzt habe ich allen denjenigen Mitarbeitern der Abteilung Ertragskunde (Forstliche Versuchsanstalt) des Instituts für Forstwissenschaften Eberswalde, die mir bei den oft mühseligen Außenaufnahmen des Grundlagenmaterials und bei der rechnerischen Verarbeitung desselben und der Ausgestaltung der Arbeit im Institut halfen, zu danken.

Eberswalde, im Mai 1957 Der Verfasser

INHALTSVERZEICHNIS

0 Einleitung und Problemstellung, Ziele der Arbeit

Der heutigen modernen Forstwirtschaft stellt die Wirtschaft eine unabdingliche Forderung: die maximale Befriedigung des ständig wachsenden Rohholzbedarfs. Diese Aufgabe kann in Anbetracht der durch gewaltsame Ereignisse aller Art vollzogenen Strukturwandlung des mitteleuropäischen Waldes nur durch äußerste Anspannung sämtlicher zur Verfügung stehender Kräfte gelöst werden. Alle forstwissenschaftlichen Disziplinen werden daher ständig erneut in die Schranken gefordert, der forstlichen Praxis durch ihre Forschungsergebnisse den Weg zu ebnen, das hohe Ziel der Nachhaltigkeit des Höchstmaßes an Holzertragsvermögen unter gleichzeitiger Erhaltung der Produktionskraft des Standorts (53) zu erreichen.

Der forstlichen Zuwachs- und Ertragskunde fallen dabei die nicht leicht zu bewältigenden Aufgaben zu,

1. das Leistungsvermögen der standortgerechten Bestockungen in ihren verschiedenen Bestockungsdichten, Mischungs- und Waldaufbauformen zu erkunden und es in Zahlenwerten als vergleichbare Leistungsziffern auszudrücken und
2. auf Grund „waldwachstumskundlicher" Untersuchungen an Einzelstamm und Bestand, also auf Grund ertragskundlicher Untersuchungen unter besonderer Berücksichtigung der gegebenen biologischen Verhältnisse zu versuchen, das Leistungsvermögen der Bestockungen in quantitativer und qualitativer Hinsicht zu heben.

Die Abteilung Ertragskunde (Forstliche Versuchsanstalt) des Instituts für Forstwissenschaften Eberswalde — nachfolgend kurz Abteilung Ertragskunde genannt — hat als Traditionsabteilung der alten Eberswalder Forstlichen Versuchsanstalt unter ihrem Leiter, Prof. Dr. ERTELD, diesen neuartigen ertragskundlichen Forschungsweg einer biologisch ausgerichteten Waldwachstumskunde beschritten, der jedoch nur dann erfolgreich begangen werden kann, wenn einwandfreie holzmeßkundliche Verfahren unter weitgehender Einschaltung biometrischer Meßmethoden und Auswertungsverfahren etwa im Sinne der modernen „forstlichen Bestandesmessung" im Sinne PRODANs (50, S. 2) zur Verfügung stehen.

Die vorliegende Untersuchung stellt nun einen Versuch dar, auf dem Teilgebiet der „Messung der Waldbestände", das sich mit der bestandes- und bestockungsindividuellen Holzmassen- und -zuwachsermittlung in Abhängigkeit von der Formzahl befaßt, die dabei mannigfaltig auftretenden Probleme aufzuzeigen und

zu ihrer weiteren Klärung beizutragen. Eine bestandes- bzw. bestockungsindividuelle Holzmassen- und -zuwachsermittlung ist unumgänglich bei der ertragskundlichen Bearbeitung langfristiger forstlicher Versuchsflächen, die auch heute noch ein sicheres Fundament, in vielen Fällen ein Gerüst, häufig genug zumindest ein Stützsystem der ertragskundlichen Forschung sind, da sie allein hinreichend sichere Einblicksmöglichkeiten in den Wachstumsgang und das Leistungsvermögen der Bestockungen in ihren langen Produktionszeiträumen ermöglichen.
Als Hauptziele vorliegender Formzahluntersuchungen für das forstliche Versuchswesen können demnach angegeben werden

1. die Verbesserung der Genauigkeit des „Eberswalder Massenberechnungsverfahrens“ auf der Grundlage einer sicheren Bestimmung der bestockungsindividuellen Formzahl als Massenreduktionsfaktor;
2. die gleichzeitige Nutzbarmachung der HOHENADLschen echten Schaftholzformzahl $\lambda_{0,9}$ im Rahmen des „Eberswalder Massenberechnungsverfahrens“ im wahren Sinne des Wortes Formzahl: als Formigkeitsweiser.

Im Sinne einer wissenschaftlich exakten Durchführung der Arbeit habe ich mich bemüht, den größten Teil der Untersuchungen mathematisch-statistisch zu untermauern und aus der Fülle vorhandener diesbezüglicher Fachliteratur einen gewissen Extrakt für die hier angewandten Forschungsmethoden der forstlichen Bestandesmessung herauszuarbeiten.
Die im Schlußwort seiner „Ertragskundlichen und waldbaulichen Grundlagen der Forstwirtschaft“ stehenden, mit einem Ausblick auf das zukünftige Programm der forstlichen Versuchsarbeiten abschließenden Sätze WIEDEMANNs werte ich als einen Beweis der Dringlichkeit meiner Untersuchungen. Sie waren mir stets erneut Ansporn zu meiner Arbeit.
WIEDEMANN schreibt auf Seite 342 u. a. „... Dagegen wird es sehr wichtig sein, die Versuchsflächen über Mischbestände und ungleichaltrigen Wald noch wesentlich zu vermehren, um hierüber immer zuverlässigere Unterlagen zu sammeln. Gerade bei diesen Fragen werden allerdings die Sonderuntersuchungen aller Art eine besondere Bedeutung haben, um den Sondercharakter der Einzelflächen zu erfassen...“ (v. Verf. gesperrt) und vorher: „... Außerdem wird man die einzelnen Versuchsreihen mit immer feineren Methoden nach den verschiedensten Richtungen hin (Stammform [v. Verf. gesperrt], Boden, Flora, Wurzel, Geschichte usw.) durcharbeiten, um aus der statistischen Betrachtungsweise in ein immer genaueres Erkennen der Lebensvorgänge zu kommen ...“ und weiterhin auf Seite 342: „... Von den methodischen Fragen halte ich die Prüfung der MITSCHERLICHschen Formzahlformeln für besonders vordringlich, weil eine Bestätigung dieser Werte die Ermittlung der Massen in den Versuchsflächen auf eine neue Grundlage stellen würde. Insbesondere könnten dann ohne übermäßigen Arbeitsaufwand die Einflüsse der Durchforstung, des Unterbaues usw. auf die Stammform und auf den Massenzuwachs verhältnismäßig rasch geklärt werden ...“

1 Das Grundlagenmaterial und die Untersuchungsmethodik

11 Das Grundlagenmaterial

Zum weitaus größten Teil fußen meine im folgenden dargelegten Untersuchungen auf Unterlagenmaterial der langfristigen forstlichen Versuchsflächen der Abteilung Ertragskunde, das von mir persönlich von 1952 bis 1954 im Rahmen meiner Tätigkeit als diese Versuchsflächen bearbeitender wissenschaftlicher Assistent erhoben wurde. Die restlichen Unterlagen fielen im Rahmen anderer Forschungsarbeiten der Abteilung Ertragskunde an oder stammen zu einem ganz geringen Teile von den Versuchsflächenaufnahmen vor 1952.

Auf Veranlassung Prof. Dr. ERTELDs ging die Abteilung Ertragskunde mit dem Aufnahmejahr 1953 — meines Wissens zum ersten Male — dazu über, am Aushiebsmaterial der Versuchsflächen die HOHENADLsche echte Schaftholzformzahl $\lambda_{0,9}$ auf der Grundlage von 5 Sektionen gleicher relativer Länge (16, 17) zu ermitteln, um ein brauchbares Maß für die Schaftform zu bekommen. Des weiteren wurde seitdem auf sämtlichen Versuchsflächen mittels umfangreicher Leitermessungen am stehenden Stamm der für die Anwendung des HOHENADLschen Massenermittlungsverfahrens (19, 20, 21) unentbehrliche „HOHENADLsche Formquotient" q_H gewonnen. Die Auswertung dieser umfangreichen Erhebungen sollte neben der Darstellung der bestandesindividuellen Schaftform zeigen, inwieweit die bisher in Süddeutschland in Anwendung der HOHENADLschen Gedankengänge von KRENN-PRODAN in Baden (32, 33) entdeckten und von ALTHERR in Württemberg (1) bestätigt gefundenen statistischen Gesetzmäßigkeiten bezüglich der Form der Baumschäfte auch für das Untersuchungsgebiet des Instituts für Forstwissenschaften Eberswalde, das im wesentlichen das nordostdeutsche Diluvium, den Harz, das Thüringer Becken und den Thüringer Wald — diesen allerdings nur mit wenigen Versuchsflächenreihen — umfaßt, Gültigkeit haben. Nicht zuletzt sollte das HOHENADL-Verfahren hinsichtlich seiner Brauchbarkeit zur bestandesindividuellen Massenermittlung für die Versuchsflächen überprüft werden.

Ende 1955 befanden sich 84 Versuchsflächenreihen mit 346 Einzelflächen unter Aufsicht der Abteilung Ertragskunde. Das Material für meine Untersuchungen lieferten davon 34 Flächenreihen mit 106 Einzelflächen. Eine Überprüfung der daraus gewonnenen Ergebnisse an dem 1955 angefallenen Aufnahmematerial von 64 Einzelflächen aus 25 Flächenreihen stellte ihre Brauchbarkeit nicht in Frage. Für die Hauptholzarten Kiefer und Buche des Bearbeitungsgebiets ist eine annähernd ausreichende Gliederung des Grundlagenmaterials, das für die

Kiefer durch einmalig aufgenommene Probeflächen noch über den Versuchsflächenrahmen hinaus erweitert wurde, nach Wuchsgebiet, Alter und Ertragsklasse gegeben. Fichtenwerte sind dagegen nur für den Harz vorhanden, und die für andere Holzarten zur Verfügung stehenden Grundlagen sind gering.

12 Die Untersuchungsmethodik

In nur 2 Fällen können sich vorliegende Formzahluntersuchungen auf Kahlschlagvollaufnahmen, also auf „wahre“ Bestandeswerte stützen, während in den anderen untersuchten Beständen die Auswahl der erforderlichen liegenden Probestämme in den meisten Fällen noch nicht einmal von vornherein nach einer Zufallsmethode erfolgen konnte, um objektiv einen repräsentativen Querschnitt der jeweiligen untersuchten Bestandeskollektive zu bekommen. Es mußte den Gegebenheiten der Versuchsflächenaufnahme Rechnung getragen werden, die es mit sich bringen, daß je nach der gemäß der Versuchsfragestellung angewandten Behandlungsart für den Bestand eine recht unterschiedliche Anzahl von Aushiebsstämmen anfällt, die nur bei einem starken Eingriff in alle soziologischen Baumklassen, etwa im Sinne einer starken Hochdurchforstung, gleichmäßig auf alle Durchmesserstufen und damit repräsentativ auf den Bestand verteilt ist. Die Arbeit hat sich daher auch eingehend mit dem Problem zu beschäftigen, wie trotz Nichteinhaltung des Grundsatzes der zufälligen Probenahme nach dem repräsentativen Querschnitt dennoch von dieser Probenahme Schlüsse auf Bestandeswerte, gewissermaßen auf die Grundgesamtheit, möglich sind.

Die sektionsweisen Kubizierungen am liegenden Stamm zur Ermittlung aller untersuchten Formzahlen erfolgten durch Kluppung über Kreuz mit einer Millimeter-Kluppe. Bezugspunkt für die Bandmaßmessungen der Schaftlänge und der jeweiligen Meßhöhen für die Sektionsmittendurchmesser war in allen möglichen Fällen das die Brusthöhe kennzeichnende Ölfarbenmeßkreuz in 1,3 m Höhe am Stamm.

Diese Art des Vorgehens basiert auf WIEDEMANNs Richtlinien hierfür, wie er sie in der „Anweisung für die Aufnahme und Bearbeitung der Versuchsflächen der Preußischen Forstlichen Versuchsanstalt“ (64, S. 13) und in „Technische Einzelheiten bei der Aufnahme von Versuchsflächen“ (51, S. 9) niedergelegt hat. Bei Stämmen ohne bezeichnete Brusthöhe wurde demzufolge die Stockhöhe mitgemessen und nicht etwa der Abhiebspunkt zum Anlegen der Nullmarke des Bandmaßes benutzt.

Es ist in diesem Zusammenhang notwendig zu bemerken, daß leider eine in ihrer Auswirkung nicht zu verkennende Diskrepanz der Meinungen über die Einbeziehung der Stockhöhe in die Vorratsfestmetermasse besteht. Die Ansicht WIEDEMANNs darüber wurde eben dargelegt. Soweit WIEDEMANN für seine Ertragstafeln Formzahlen benutzte, die nach seiner „Anweisung . . .“ (64)

gewonnen wurden, müßten diese die Stockholzmasse beinhalten. SCHWAPPACHs Ertragstafelformzahlen und die Formzahlen der GRUNDNER-SCHWAPPACHschen Massentafeln dagegen dürften diese Stockholzmassen nicht enthalten; denn nach TISCHENDORF (61, S. 91) liegt gemäß Vereinbarungen der deutschen forstlichen Versuchsanstalten zwar die Meßstelle des Bezugsdurchmessers für die unechten Formzahlen in 1,3 m Höhe am Schaft über dem Boden und ist bei geneigtem Gelände von der Bergseite aus zu bestimmen, als Nullpunkt für die sektionsweise Kubizierung des Stammes dagegen gilt die Stockhöhe bzw. Abhiebshöhe. GRUNDNER-SCHWAPPACH haben sich an diese Vereinbarung gehalten, wie aus einer diesbezüglichen Bemerkung der „Richtlinien für die Ausführung von Ertragsuntersuchungen" des Internationalen Verbandes Forstlicher Forschungsanstalten (28, S. 17) und folgendem Satze der GRUNDNER-SCHWAPPACHschen Massentafeln (12) auf Seite VIII hervorgeht: „Die Derbholzmassentafeln geben die Masse des sogenannten Derbholzes an, d. h. desjenigen (oberirdischen) Holzes des Stammes und der Äste, das mit der Rinde gemessen im Durchmesser über 7 cm stark ist, mit Ausschluß des bei der Fällung am Wurzelstocke verbleibenden Schaftholzes" [vom Verfasser gesperrt]. Für die technische Durchführung von Stammanalysen verlangt TISCHENDORF (61, S. 166) ebenfalls die Berücksichtigung der Stockhöhe (Abhiebshöhe) „zufolge der Vereinbarungen der Versuchsanstalten", obwohl danach für jede Stammstärke eine eigene Stockhöhe zu berechnen sei und sich hierdurch eine kleine Inkonsequenz insofern ergäbe, als sich die Massen der analysierten Stämme für verschiedene Altersabschnitte nicht auf die gleiche Abhiebsfläche bezögen. Auch bei der Aufstellung der Scheitelhöhen, die sich auf die jeweilige Stockhöhe bezögen, müsse dieser Umstand berücksichtigt werden.

Welche der beiden gegenteiligen Auffassungen über die Einbeziehung des Stockholzes in die Masse des Einzelbaumes als die richtigere anzusehen ist, könnte meiner Meinung nach davon abhängig gemacht werden, ob die zu ermittelnde „Formzahl" als ein Massenreduktionsfaktor für die stehende Vorratsmasse oder für die liegende Erntemasse benutzt werden soll. Als Massentafel- und Ertragstafelformzahl dient sie aber einzig und allein der Fixierung der Vorratsmasse und müßte demnach im WIEDEMANNschen Sinne gewonnen werden, wenn nicht der grundsätzliche Einwand erhoben wird, daß das oberirdische Stockholz von vornherein — wie das Wurzelholz — nicht zur Vorratsmasse gehört. Handelt es sich dabei um Vorratsmasse Derbholz, so scheint mir dieser Einwand vertretbar, da das Stockholz nutzungstechnisch nicht zum Derbholz gehört. Ist jedoch die Vorratsmasse an Schaft- oder Baumholz zu bestimmen, so müßte auf jeden Fall das Stockholz zur Formzahlberechnung mit einbezogen werden. Auch die Meßstellen für die 5 Sektionen gleicher relativer Länge zur Bestimmung der echten Schaftholzformzahl $\lambda_{0,9}$ müssen unter Berücksichtigung des Stockholzes am oberirdischen Schaft bestimmt werden. Dies geht daraus hervor, daß HOHENADL ausdrücklich betont, unter dem Bezugsdurchmesser $d_{0,9}$ seiner echten Schaftholzformzahl sei derjenige Durchmesser zu verstehen, der in $^{1}/_{10}$ der Baumhöhe über dem Boden erhoben werde (21, S. 388).

Vorstehend eingeschobene Betrachtung über die unterschiedliche Behandlung des Stockholzes bei der Formzahlermittlung zeigt deutlich die bestehende Problematik. Es wird noch darauf zurückzukommen sein, daß schon allein durch diese unterschiedliche Begriffsbestimmung bei Verwendung verschiedener Verfahren ein erheblicher Fehler bei der Massenermittlung entstehen kann.

2 Allgemeine Betrachtungen über die Formzahl- und Formverhältnisse im Bestand

21 Begriff und Arten der Formzahlen

Unter Formzahl versteht man nach TISCHENDORF (61, S. 88) „das Verhältnis zwischen dem wirklichen Inhalte eines Stammes und dem einer Walze von gleicher Grundfläche und gleicher Höhe". Diese Definition trifft jedoch nicht für alle möglichen Fälle zu und ist nicht umfassend genug. Ihre Unzulänglichkeit in obenstehender Form liegt vor allem darin begründet, daß sie nur die eine Funktion der Formzahl, nämlich diejenige des Massenreduktionsfaktors erfaßt und die zweite – nicht minder wichtige – des Formigkeitsweisers vernachlässigt. Aber ganz abgesehen davon scheint sie mir eine gewisse sachliche Unrichtigkeit zu beinhalten. Wohl ist doch die Formzahl eine Verhältniszahl zwischen einem wirklichen Schaftinhalt und einer entsprechenden Idealwalze, die Bedingung jedoch, die TISCHENDORF fordern zu müssen meint, daß diese Idealwalze die gleiche Grundfläche neben gleicher Höhe mit dem Stamm haben müsse, trifft doch nur für eine ganz spezielle Art der Formzahl, nämlich für die *absolute Formzahl* von RINIKER (55), zu. Alle anderen Formzahlarten dagegen unterscheiden sich doch oft sogar durch die verschiedene Höhe der Bezugsbasis am Stamm und damit – auch relativ gesehen – durch unterschiedliche Walzengrundflächen, die keineswegs den Grundflächen der wirklichen Schaftinhalte gleich sind.

Die Formzahl als Massenreduktionsfaktor ist also – ganz allgemein ausgedrückt – das Verhältnis zwischen wirklichem Inhalt eines Stammes und demjenigen einer Idealwalze gleicher Höhe und in beliebiger Höhe am unteren Stammteil gewählter Grundfläche.

Als erster hat im Jahre 1800 der Lippe-Detmoldsche Oberförster PAULSEN den Inhalt stehender Stämme mit Hilfe von Reduktionszahlen aus den entsprechenden Idealzylindern dieser Stämme ermittelt. Er begnügte sich dabei jedoch mit nur 3 Einheitsreduktionszahlen je nach der Kronenlänge [zitiert bei MITSCHERLICH (43)]. Eine individuelle Berechnung der Formzahl für spezielle Stammformen mittels bestimmter Faktoren forderte 12 Jahre später HOSSFELD (26), und KÖNIG (29) gab 1842 diesen Reduktionsfaktoren erstmalig den Namen „Formzahl", der damals durchaus zutreffend war, da er nur für das Schaftholz galt und damit mit Einwänden einen zahlenmäßigen Ausdruck für die Schaftform darstellte.

Nach der ersten, auf der Grundlage von rund 40000 sektionsweise kubizierten Stämmen aufgestellten Formzahltafel der Bayrischen Forstverwaltung im Jahre 1846 begannen nach Gründung des Vereins der forstlichen Versuchsanstalten in den 70er Jahren des vorigen Jahrhunderts sehr umfangreiche Formzahlerhebungen, worauf die bekannten und heute noch gebräuchlichen Formzahl- und Massentafeln zurückgehen. Am bekanntesten darunter sind die GRUNDNER-SCHWAPPACHschen Massentafeln (12) geworden, die nach einer ergänzenden Bearbeitung durch SCHOBER (13) in ihrer letzten Auflage bis auf die Pappelsorten und die Douglasie alle in Deutschland forstlich wichtigen Baumarten enthalten und die es auf Grund der Eigenart der Massentafeln ermöglichen, daß bei bekanntem Brusthöhendurchmesser und bekannter Höhe für den betreffenden Einzelstamm die für diese Dimensionen zutreffende durchschnittliche Masse abgelesen und die dazugehörige durchschnittliche Formzahl aus den Massentafeldaten errechnet werden kann. Diese Durchschnittswerte genügen den Belangen der großen forstlichen Praxis, da sie sich auf das gewaltige Grundlagenmaterial von über 70000 Einzelstämmen stützen, das sich allerdings auf 11 Holzarten und auf das große Gebiet zwischen Alpen und Ostsee verteilt. Die für die praktische Forsteinrichtung unentbehrlich gewordenen Massenermittlungsverfahren wie das Massentafelverfahren (57) selbst, das Formhöhenreihenverfahren von v. LAER (37), das LAER-SPIECKERsche Massenkurvenverfahren (38) und der Waldhöhentarif von KRÄUTER (30) basieren hinsichtlich der Formzahl alle auf den GRUNDNER-SCHWAPPACHschen Massentafeln.

Inwieweit die etwas groben Durchschnittswerte dieser Massentafeln durch wuchsgebietsweise durchzuführende spezielle Formzahluntersuchungen verfeinert werden können, ist in vorliegender Arbeit nicht Gegenstand der Untersuchungen. Hier soll nur noch abschließend zu den Massentafeln festgehalten werden, daß ihre Formzahlwerte für „bestandesindividuelle Massenaufnahmen nicht brauchbar sind, wie dies u. a. KRENN ausdrückt, wenn er schreibt: „. . . Vorweg kann festgestellt werden, daß das Massentafelverfahren (auch in seiner Abart des Formhöhenreihenverfahrens nach v. LAER) genaueren Zwecken der Bestandesaufnahme nicht genügt . . .“ (32, S. 2) und in derselben Arbeit weiter unten fortfährt: „. . . Ganz abwegig wäre es aber, wissenschaftliche Vergleichsversuche über die Leistungsfähigkeit gleichaltriger Bestände einerseits und Femelwälder andererseits, bzw. von Rein- und Mischbeständen auf der Basis allgemeiner Massentafeln zu führen, die ja bekanntlich für Stämme gleicher Höhe und Brusthöhendurchmesser die gleiche Formzahl unterstellen . . .“ (32, S. 3).

Von den verschiedenen Formzahlarten werden in vorliegender Arbeit neben den *unechten Brusthöhenformzahlen* vor allem die *Normalformzahlen*, die PRESSLER erstmals als *echte Formzahlen* bezeichnete (48), Gegenstand der Betrachtung sein. Obwohl bereits PRESSLER ihre günstigen Eigenschaften zur Schaftformdarstellung erkannte und ihre Einführung daher sehr empfahl, vermochten sie sich bis in die Gegenwart hinein weder für praktische noch für wissenschaftliche Zwecke durchzusetzen. Die Gründe dafür liegen auf der Hand: Für jeden Einzelstamm muß der Bezugspunkt erneut bestimmt werden. Immer in der gleichbleibenden relativen Baumhöhe liegt er bei hohen Bäumen sehr hoch und bei niedrigen entsprechend tief. Seine Ermittlung ist oft unbequem, und außerdem muß für die Bestandesmassenermittlung mit der absoluten Klupphöhe

in Brusthöhe ein Faktor zur Umrechnung der echten in die entsprechende unechte Formzahl gefunden werden.
In den 20er und 30er Jahren hat HOHENADL durch mehrere Veröffentlichungen (16–24) versucht, das Augenmerk auf seine echte Schaftholzformzahl $\lambda_{0,9}$ zu lenken. Nach KRENN (32, S. 69) gebührt nur ihr und solchen Formzahlen, die auf Grund einer abschnittsweisen Stammkubizierung nach n relativ gleichlangen Sektionen gewonnen werden, allein die Bezeichnung *echte Formzahl.* Nur durch die konstant gehaltene Durchmesserermittlung in relativ gleichen Schafthöhen vermag eine echte Formzahl auf der Basis von n Sektionen gleicher relativer Länge die wahre Schaftform einwandfrei vergleichsfähig wiederzugeben.
Zu diesem unbestreitbaren Vorzug von $\lambda_{0,9}$ kommt hinzu, daß HOHENADL für sein sogenanntes „arithmetisches Verfahren" zur Bestandesmassenermittlung die dazu erforderliche unechte Formzahl in genialer Weise spalten konnte, indem er sie in die Faktoren $\lambda_{0,9}$ und q zerlegte (19). Auf diese Weise kann $\lambda_{0,9}$ neben ihrem Hauptzweck zur einwandfreien Formigkeitsdarstellung durch elegante Umformung als Massenreduktionsfaktor verwandt werden.
Es ist nun das große Verdienst von KRENN-PRODAN, in ihrer ausgezeichneten Veröffentlichung „Die Bestandesmassenermittlung mit Hilfe stehender Probestämme" mit einem Anhang über „Die Bestimmung der echten Schaftholzformzahl und Ausbauchungsreihe aus dem echten Formquotienten" (32, 33) das wertvolle HOHENADLsche Gedankengut durch Vervollkommnung mit eigenen Erkenntnissen für die forstliche Praxis und vor allem für die forstliche Wissenschaft reif gemacht zu haben. In erster Linie erheben die süddeutschen forstlichen Versuchsanstalten seitdem auf ihren Versuchsflächen diese echten Formzahlwerte und haben das seither gesammelte Material bereits zu wertvollen Veröffentlichungen zusammengestellt.

22 Die Formzahl als Grundlage der Massen- und Zuwachsberechnung

Die Bedeutung der Formzahl als Massenreduktionsfaktor steht bis heute viel mehr im Vordergrund als ihre Bedeutung als Formigkeitsweiser. Diese Vorrangstellung ist so stark ausgeprägt, daß der Forstmann gemeinhin eigentlich nur noch an den Massenreduktionsfaktor denkt, wenn er das Wort „Formzahl" hört und sich nicht mehr des der Wortbildung entsprechenden anderen Zweckes der Formzahl erinnert.
Andererseits jedoch wird die Bedeutung der Formzahl und des Formzuwachses bei Massen- und Zuwachsberechnungen in der Praxis und vor allem auch bei wissenschaftlichen Untersuchungen zu sehr unterschätzt. Ich habe bereits im vorangegangenen Kapitel das Für und Wider der Massentafelformzahlen erörtert und dabei die diesbezügliche Auffassung KRENNs zitiert. MITSCHERLICH (43) kommt 1942 bei Betrachtung dieses Problems zu ähnlichen Schlüssen und fordert für die forstliche Forschung genaue Formzahlermittlungen zur weiteren Klärung u. a. der Mischbestandsfrage. Er steht weiterhin auf dem Standpunkt, daß erhebliche Differenzen zwischen Holzvorratsaufnahme und

Hiebsergebnissen unvermeidlich seien, wenn Höhe und Kreisfläche örtlich möglichst genau ermittelt, für die Formzahl dagegen Durchschnittswerte auf Grund der Tafel angenommen würden. Wenn die Formzahl eines Bestandes z. B. 0,49 sei, durch Anwendung der Formhöhentafel stattdessen aber mit 0,50 gerechnet werde, so werde die Masse bereits um 2% zu hoch angenommen. Bei großen Beständen seien das aber bereits Hunderte von Festmetern (43, S. 378).
Derartige Massenfehler sind vor allem dann zu befürchten, wenn durch krasse und extreme Änderungen in der Bestandesbehandlung die Auswirkung dieser Maßnahmen auf die Formzahl nicht beachtet wird. Auf den Versuch MITSCHERLICHs, eine bestandesindividuelle Formzahlerhebung zu ermöglichen (43), wird weiter unten näher einzugehen sein.
Alle alten Massenermittlungsverfahren, die Anspruch auf einen hohen Genauigkeitsgrad erheben, sind Probestammverfahren, und die dafür erforderliche mehr oder weniger große Anzahl von Probestämmen dient in fast allen Fällen indirekt, seltener direkt (z. B. beim Verfahren TISCHENDORF) der Formzahlermittlung. Für eine genaue Bestandesmassenermittlung sind zahlreiche genaue Messungen unumgänglich, und wenn die Bestandesgrundfläche durch Kluppung und die Bestandeshöhenwerte durch Baumhöhenmessung genau gemessen werden müssen, so ist eben auch eine entsprechend genaue Formzahlermittlung durch — wenn auch zeitraubendere — Messungen in Form von Sektionsmessungen erforderlich.
Die Gleichung

$$V = G \cdot H \cdot F$$

geht nur dann richtig auf, wenn die wahren Werte sämtlicher 3 Faktoren auf der rechten Seite in die Rechnung eingehen. Im anderen Falle sind Massen- und — im Gefolge davon — Zuwachsfehler nicht vermeidbar.

An einem konstruierten theoretischen Beispiel soll gezeigt werden, welche Massenfehler bei falscher Ermittlung des einen oder anderen massebildenden Faktors entstehen und in welchem Rahmen in Absolutzahlen die Fehler der massebildenden Faktoren liegen, wenn sie den gleichen Massenfehler verursachen. Auf den Formzahlfehler bezogen soll demnach ersichtlich sein, wieviel Tausendstel seiner Größe z. B. einem Fehler in der Mittelhöhe von 1 m oder in der Bestandesgrundfläche von 1 m² entsprechen.
Veranschlagen wir also für einen bestimmten Bestand eine Stammgrundfläche von 20 m², eine Mittelhöhe von 20 m und eine Bestandes-Derbholzformzahl von 0,500 — Verhältnisse, wie sie etwa einem 60jährigen Eichenbestand I. Ertragsklasse der von WIEDEMANN herausgegebenen Eichen-Ertragstafel für starke Durchforstung 1920/1946 (66) zukommen —, so hat dieser Bestand eine Derbholzmasse

$$V = G \cdot H \cdot F = 20\ m^2 \cdot 20\ m \cdot 0{,}500 = 200\ Vfm,$$

wenn die Massenberechnung nach dem „Eberswalder Massenberechnungsverfahren" durchgeführt wurde. Nehmen wir nun für jeden der 3 massebildenden Faktoren nacheinander einen Fehler von $-\frac{1}{20} = -5\%$ an und rechnen also einmal mit nur 19 m² Grundfläche, das andere Mal mit nur 19 m Mittelhöhe und beim dritten

Mal mit der Formzahl 0,475, so erhalten wir selbstverständlich in jedem Falle nur 190 Vfm und damit einen gleichbleibenden Massenfehler von — 5%, der also dem Fehler des betreffenden einen massebildenden Faktors völlig entspricht.
Wird demnach die Bestandesformzahl statt mit 0,500 am Probestamm-Material nur mit 0,475 erhoben — vielleicht durch ungünstige Verteilung der Probestämme nur auf die schwächeren Durchmesser des Bestandes ohne Derbholzäste —, so resultiert daraus derselbe Massenfehler von — 5%, wie er auftreten würde, wenn auf einer Versuchsfläche von 1,0 ha Größe dieses untersuchten Bestandes 32 Stämme!! von durchschnittlich 20 cm Brusthöhendurchmesser aus dem Bereich des Bestandesmitteldurchmessers bei der Kluppung vergessen worden wären.
Dieses drastische Beispiel, das hinsichtlich des Formzahlfehlers durchaus aber im Bereich des Möglichen liegt, zeigt sehr deutlich, wie ernst die Formzahlermittlung gerade auf Versuchsflächen genommen werden muß.
Wie ungünstig sich das Fehlen selbst von groben Massentafeldurchschnittsformzahlen unserer raschwüchsigen Ausländerholzarten Douglasie und Pappel bemerkbar macht, wird nicht nur von der forstlichen Forschung, sondern in ganz besonderem Maße auch von der praktischen Forsteinrichtung bei der Holzvorratsaufnahme empfunden. Gerade bei der Douglasie steht zu befürchten, daß sie auf Grund ihrer starken Borke im unteren Schaftteil sehr abholzig sein wird, jedenfalls abholziger als Fichte und Tanne. Man darf sich dann nicht wundern, wenn die unseren heimischen Holzarten gegenüber zweifellos vorhandene Mehrleistung der Douglasie sich evtl. als erheblich geringer herausstellt, sobald man für ihre Massenberechnung über Massentafelwerte Douglasienformzahlen anstelle der bisher verwandten Fichtenformzahlen gebraucht[2]).
Die Bedeutung einer genauen Formzahlbestimmung für die Zuwachsermittlung tritt für alle diejenigen Zuwachsermittlungsverfahren zurück, die einen durchschnittlichen oder tariflichen Formzuwachs unterstellen und über Bohrspäne vom Durchmesserzuwachs auf den Massenzuwachs schließen, wie es den verschiedenen *Tarifdifferenzverfahren* (40, 41, 42, 54) und damit auch der von PRODAN vervollkommneten SCHNEIDERschen Zuwachsprozentformel (49) eigen ist. Der Fehlerrahmen dieser Verfahren an sich wird durch Unterstellung eines durchschnittlichen Formzuwachses nicht erweitert.
Anders ist es jedoch bei den Zuwachsermittlungsverfahren, die nach dem Prinzip der *Kontrollmethode* den Massenzuwachs als die Differenz aus heutiger Gesamtbestandsmasse und der Masse des Verbleibenden Bestandes vor n Jahren ermitteln. Der bestandesindividuelle Zuwachs wird in diesen Fällen nur dann genügend genau ermittelt werden können, wenn wirklich bei beiden Massenaufnahmen — heute und vor n Jahren — u. a. auch die Formzahl mit genügender Genauigkeit erhoben wurde.

---

[2]) Die hier gehegten Befürchtungen werden durch die Formzahlangaben der HAUSSERschen Douglasienmassentafel, die bei der Drucklegung dieser Arbeit erschien, voll bestätigt.

Abschließend sei noch einmal zusammengefaßt, daß die Formzahl als Massenreduktionsfaktor unter den masse- und zuwachsbildenden Faktoren zwar den geringsten Einfluß auf die Masse und den Zuwachs hat, dennoch in ihrer Bedeutung für eine Massen- und Zuwachsermittlung nicht verkannt werden darf. Für die große Praxis genügen zur Bestandesmassen- und -zuwachsermittlung die durchschnittlichen Formzahlen der Massentafel, für eine „bestandesindividuelle" Massen- und Zuwachsermittlung, besonders im forstlichen Versuchswesen, sind spezielle Formzahlerhebungen am konkreten Bestand unerläßlich (32, 43).

23 Die Brauchbarkeit der Formzahl zur Schaftformdarstellung

Die Kenntnis der Formverhältnisse von Einzelbaum und Bestand ist nicht nur für die Zuwachs- und Ertragskunde, sondern vor allem auch für die Forstnutzung, die physikalische Holztechnologie, die Forsteinrichtung und nicht zuletzt für die große forstliche Praxis von Bedeutung.
Für Holzaushaltung und Sortimentierung und auch für wissenschaftliche Formigkeitsuntersuchungen werden die Formzahlverhältnisse des Schaftes die größte Bedeutung haben. Außerdem ist der Schaft eines Baumes als dessen kompaktester Teil von vornherein allein zu vergleichenden Formbetrachtungen geeignet. Es ist daher nachgerade selbstverständlich, daß seit SMALIAN und PRESSLER zur Formdarstellung irgendeine *echte Schaftholzformzahl* verwandt wurde. Im folgenden soll die HOHENADLsche *echte Schaftholzformzahl* $\lambda_{0,9}$ genauer betrachtet werden.

231 *Die echte Schaftholzformzahl* $\lambda_{0,9}$

231.1 *Ihre Herleitung, Eignung als Formigkeitsweiser und Abhängigkeiten zu* $d_{1,3}$, *soziologischer Baumklasse, Höhe und Kronenlänge nach bisheriger Literatur*

HOHENADLs echte Schaftholzformzahl $\lambda_{0,9}$ unterscheidet sich von allen anderen echten Formzahlen in entscheidender Weise darin, daß sie über eine sektionsweise Kubizierung des Baumschaftes nach 5 Sektionen gleicher relativer Länge ermittelt wird (19). Da HOHENADL den Schaft als Träger gleichen Widerstandes gegen Eigengewicht und Fremdbelastung auffaßt, müssen nach seiner Hypothese die Stammquerschnitte in verschiedener Höhe am Stamm in ihrer Ausformung von der Belastung durch den sich darüber befindlichen Schaftteil und die Krone abhängig sein. Auf diese Weise werden sich in bestimmten relativen Baumhöhen relativ durchaus vergleichbare Schaftdurchmesserwerte ergeben, die bei HOHENADL ihren zahlenmäßigen Ausdruck in der sogenannten *echten Ausbauchungsreihe* finden.
Wenn der Schaftinhalt eines Baumes

$$v = \int_{x=0}^{x=h} y^2 \pi \, dx$$

ist, so wird der Schaft aufgefaßt als die Summe (Integral) aller kleinsten Zylinder von der (veränderlichen) Grundfläche $y^2 \pi$ und der unendlich kleinen Sektionslänge dx innerhalb der Grenzen $x = 0$ und $x = h$, also innerhalb der Gesamthöhe des Schaftes. Bei der praktischen sektionsweisen Kubizierung eines Schaftes zum Zwecke seiner Inhaltsermittlung muß nun der Schaft als die Summe endlicher Teile (Sektionen, Abschnitte) aufgefaßt werden, die — je nach der Meßmethode — statt der unendlich kleinen Sektionslänge dx endliche Größenwerte von 1 m, 2 m oder bei der HOHENADL-Sektionierung 0,2 L aufweisen. $y^2\pi$ ist die jeder Sektion zugehörige variable Kreisfläche. Je kleiner nun die Sektionslängen gewählt werden, desto mehr nähert sich der ermittelte Inhalt der wahren Masse. Die aus Gründen der Wirtschaftlichkeit für wissenschaftliche Formzahlerhebungen von der Holzmeßkunde bisher gewählten starren 1- und 2 m-Sektionen erfassen einen Schaftinhalt um so schärfer, je länger der betreffende Stamm ist. So wird z. B. ein 30 m langer Stamm bei einer Sektionslänge von 2 m in 15 starre Sektionen zerlegt, während ein 20 m langer Schaft bei gleicher Sektionslänge in nur 10 2 m-Sektionen zerfällt. Das bedeutet jedoch, daß bei letzterem Stamm mit jeder Sektion 10% der Gesamtbaumlänge erfaßt werden, während bei ersterem jede 2 m-Sektion nur den kleineren Teil von 6,67% der Schaftlänge beinhaltet. Damit wird der längere Stamm wesentlich genauer vermessen als der kürzere, und die beiden ermittelten Massen sind also gar nicht unmittelbar vergleichbar. Demgegenüber bietet die HOHENADLsche Sektionierung nach 5 Sektionen gleicher relativer Länge und die daraus resultierende echte Ausbauchungsreihe bei gleichen Schaftformen ungeachtet unterschiedlicher Schaftlänge die Gewähr, daß sowohl Schaftmasse als auch Schaftform in jedem Falle mit gleicher relativer Genauigkeit aufgemessen werden. Auf diese Weise ergeben sich Relativmaße, die unmittelbar miteinander vergleichbar sind.

Der unbestreitbare Vorteil von $\lambda_{0,9}$ liegt also darin, daß diese Formzahl mit mehr oder weniger großer Genauigkeit als Massenreduktionsfaktor für den Einzelstamm verwandt werden kann und gleichzeitig in Form der echten Ausbauchungsreihe, die sie beinhaltet, ein ausgezeichneter Formigkeitsweiser ist. Wie KRENN-PRODAN gezeigt haben (33), bestehen zwischen der *echten Schaftholzformzahl* $\lambda_{0,9}$ einerseits und der *echten Ausbauchungsreihe* und dem sogenannten *echten Formquotienten* $\eta_{0,5}$ andererseits sehr enge wahrscheinlichkeitstheoretische Zusammenhänge, so daß der Zahlenwert $\lambda_{0,9}$ auch allein einen hervorragenden Ausdruck für die Schaftform darstellt. $\lambda_{0,9}$ ist nun nicht nur für den Einzelstamm allein, sondern auch für den ganzen Bestand ein sehr gutes Maß für die Formigkeit aller Stämme dieses Bestandes. Den Beweis dafür hat zunächst HOHENADL selbst erbracht (22, S. 736), und später haben KRENN (32) und in neuester Zeit ALTHERR (1) durch ihre umfangreichen diesbezüglichen Untersuchungen die Ergebnisse HOHENADLs bestätigt gefunden. Diese exakten wissenschaftlichen Untersuchungen haben gezeigt — dies stellt auch PRODAN in seinem Lehrbuch „Messung der Waldbestände", S. 113, noch einmal ausdrücklich fest —, daß zwischen der echten Schaftholzformzahl $\lambda_{0,9}$ und dem Brusthöhendurchmesser in einem Bestande nur eine sehr geringe

Korrelation besteht. Das bedeutet also, daß $\lambda_{0,9}$ vom Durchmesser weitgehend unabhängig ist und demnach alle Stämme im Bestande innerhalb eines entsprechenden Streurahmens die gleiche Form aufweisen.

Diese Tatsache ist in mehrfacher Hinsicht von entscheidender Bedeutung. Es ergibt sich zunächst einmal daraus, daß die Bestandesformzahl $\lambda_{0,9}$ sowohl als Formigkeitsweiser als auch als Massenreduktionsfaktor durch einfache arithmetische Mittelung der echten Formzahlwerte einer Anzahl wahllos über die Durchmesservariationsbreite des Bestandes verteilter Probestämme gewonnen werden kann. Nach KRENN (32) sind zur Bestimmung dieses Bestandesformzahlwertes $\lambda_{0,9}$ mit einer Genauigkeit von etwa 2% in homogenen Beständen 20 Probestämme nach 5 Sektionen gleicher relativer Länge im HOHENADLschen Sinne zu kubizieren. Dabei können diese Probestämme dem Durchforstungsmaterial entnommen werden, da die daraus ermittelten $\lambda_{0,9}$-Werte eben weitgehend vom Brusthöhendurchmesser und damit auch von der Baumhöhe, soziologischen Stellung des Baumes im Bestand usw. unabhängig sind. Ganz entscheidend ist jedoch die Tatsache, daß auf Grund dieser geringen Abhängigkeitsverhältnisse und als Folge davon im Vorliegen eines echten Kollektivs von Formzahlen es mathematisch korrekt ist, Einzelstamm-$\lambda_{0,9}$-Werte arithmetisch zum Bestandesformzahlwert nicht nur zur Bestimmung der Formigkeitsverhältnisse, sondern auch für Massenberechnungszwecke zu mitteln. Dieses Vorgehen wäre gänzlich undenkbar für sämtliche massebildenden ertragskundlichen Faktoren, wie sie z. B. in den SCHWAPPACH-WIEDEMANNschen Ertragstafeln enthalten sind. Die darin angegebenen Mittelwerte vor allem der Höhe und der unechten Derbholzformzahl sind bekanntlich keine arithmetischen Mittel von Einzelstammwerten, sondern im Falle der Höhe durchmesserklassenweise mit der Grundfläche gewogene Höhenmittelwerte und im Falle der unechten Brusthöhenderbholzformzahl rein rechnerische Werte, berechnet aus dem Quotienten

$$\frac{\text{Bestandesderbholzmasse}}{\text{Bestandesgrundfläche} \times \text{Kreisflächenmittelhöhe}}.$$

Der Vorteil der Möglichkeit der arithmetischen Mittelung von Einzel-$\lambda_{0,9}$-Werten zum repräsentativen Bestandesformzahlwert $\lambda_{0,9}$ liegt auf der Hand: Es genügen in diesem Falle relativ wenige Einzelstammwerte zur Ermittlung eines sicheren Bestandesmittelwertes, während zur Berechnung der Kreisflächenmittelhöhe eine sichere Bestandeshöhenkurve und eine genaue Kluppung zur Ermittlung der einzelnen Durchmesserklassengrundflächen erforderlich sind und zur Errechnung der unechten Bestandesbrusthöhenderbholzformzahl zusätzlich zu diesen beiden Faktoren sogar noch die Bestandesmasse unter Einschaltung einer Bestandesformzahlkurve benötigt wird. Oft können daher wegen der auftretenden technischen Aufnahmeschwierigkeiten und aus Zeitmangel diese beiden Bestandesmittelwerte nur näherungsweise über den Zentralstamm oder aus der Massentafel bestimmt werden. Überhaupt nicht möglich ist jedoch die Errechnung der Kreisflächenmittelhöhe und der unechten Bestandesderbholzformzahl für frühere Alter eines Bestandes, wenn durch die Durchforstung die Bestandesstruktur verändert wurde und die erforderlichen Daten nach Ausscheiden der Durchforstungsstämme durch zeitlich verschiedene Eingriffe in den Bestand für den rückwärtigen Zeitpunkt nicht mehr erhoben werden können. Im Gegensatz dazu wird die echte Bestandesschaftholzformzahl $\lambda_{0,9}$ im Bestandesleben sehr weit zurückverfolgt werden können. Einmal ändert sie sich nach PRODAN (50, S. 113) mit zunehmendem Alter nur sehr langsam. Zum anderen werden jederzeit arithmetisch gemittelte Formzahlwerte, gewonnen aus den Schaftkurvenbildern von Stammanalysen, für die zu untersuchenden Altersabschnitte je nach der Homogenität der Untersuchungsbestände und der Zahl der untersuchten Stämme mit mehr oder weniger großer Genauigkeit zu gewinnen sein.

Für die echte Bestandesformzahl $\lambda_{0,9}$ ist also zu vermerken, daß sie der einzige holzmeßkundlich-ertragskundliche zuwachs- und massebildende Faktor ist, der, vom Brusthöhendurchmesser weitgehend unabhängig und durch Stammzahlverminderung im Bestand auf dem Wege der Bestandespflege in seinem Zeigerwert für die Formigkeit und als Massenreduktionsfaktor nicht beeinflußbar, aus arithmetisch gemittelten Einzelwerten im Rahmen seines Fehlers einen repräsentativen Bestandesmittelwert darstellt und eine einwandfreie Untersuchung seiner Entwicklung im Verlaufe des Bestandeslebens — auch hinsichtlich seines Zuwachses — erlaubt.

Stellen wir in diesem Zusammenhang noch einmal nebeneinander, was HOHENADL, KRENN und ALTHERR durch ihre Untersuchungen — nicht immer allerdings mathematisch-statistisch untermauert — über die Abhängigkeitsverhältnisse von $\lambda_{0,9}$ zu anderen ertragskundlichen Faktoren gefunden haben.

Da kommt zunächst HOHENADL (22, S. 736) nach seinen Untersuchungsergebnissen zu dem Schluß, daß „innerhalb der Grenzen, welche von den Durchmessern des schwachen und des starken Mittelstammes bestimmt werden [gemeint ist der einfache $\pm$ Streubereich der Durchmesserfrequenz, d. Verf.], die Formzahlen der geschlossenen Bestände nahezu gleich sind. Die stark vorherrschenden Stämme mit großer, umfangreicher Krone und die schwachen, nach dem Lichte gestreckten Stämme, haben etwas kleinere Formzahlen".

KRENN (32, S. 73ff.) zeigt an Hand mehrerer Graphika und Ausgleichskurvenberechnungen von Fichten- und Kiefernbeständen, daß das Streuband der $\lambda_{0,9}$-Werte über $d_{1,3}$ stets durch eine sehr schwach gekrümmte Parabel 2. Ordnung, in den meisten Fällen jedoch durch eine Gerade fast parallel zur x-Achse, höchstens mit geringem negativem Steigungsmaß, ausgeglichen werden kann. Er gibt allerdings zu, daß „kleinere Unterschiede in der Lage der Ausgleichskurve $\lambda_{0,9} = f(d_{1,3})$ zwischen den einzelnen Holzarten und Standorten und innerhalb des gleichen Bestandes während des verschiedenen Alters möglich sind".

KRENN untersuchte weiterhin am selben Probebestandsmaterial die Abhängigkeit der echten Schaftholzformzahl von der soziologischen Baumklasse und von der Kronenlänge und fand 1944, wie fast 10 Jahre später ALTHERR in Württem-

berg, „eine leichte, keineswegs jedoch hervorstechende Abhängigkeit der echten Schaftholzformzahl von den soziologischen Stammklassen" vor (32, S. 81). Diese Abhängigkeitstendenzen waren jedoch holzartenweise verschieden und zum Teil innerhalb derselben Holzart gegenläufiger Richtung. Alles in allem laufen die Untersuchungsergebnisse beider Autoren darauf hinaus, daß im einfachen ±-Streubereich des arithmetischen Mitteldurchmessers keinerlei Abhängigkeit zwischen $\lambda_{0,9}$ und $d_{1,3}$ besteht und unter- und oberhalb dieses Bereiches — vor allem bei den gänzlich unterdrückten Stämmen und bei den vorherrschenden — etwas niedrigere $\lambda_{0,9}$-Werte zu erwarten sind.
Eine Abhängigkeit der echten Formzahl von der Kronenlänge, ausgedrückt in Prozenten der Schaftlänge, konnte KRENN mit Hilfe der Korrelationsrechnung nicht nachweisen (32, S. 81); er gibt jedoch zu, daß die von ihm gewählte relative Kronenlänge „keinen völlig geeigneten Maßstab für die Bekronung an sich darstellt und daß gegebenenfalls die Kronenoberfläche bzw. insbesondere das Kronengewicht eine bessere Beziehung zur Schaftholzformzahl bringen könnten."

231.2 *Eigene Untersuchungen über die Abhängigkeitsverhältnisse zwischen $\lambda_{0,9}$ und $d_{1,3}$ sowie soziologischer Baumklasse*

231.21 Abhängigkeitsverhältnisse zwischen $\lambda_{0,9}$ und $d_{1,3}$

Wie bereits ausgeführt, ist die Abteilung Ertragskunde erst seit 1953 unter ERTELD in Norddeutschland erstmalig dazu übergegangen, am gesamten Aushiebsmaterial ihrer langfristigen Versuchsflächen und auch anderer Probeflächen die echte Schaftholzformzahl $\lambda_{0,9}$ zu messen. Für alle Einzelflächen wurden jeweils die Einzelstammwerte $\lambda_{0,9}$ über dem Brusthöhendurchmesser aufgetragen, so daß zur Zeit bereits eine ganze Reihe derartiger Streubilder für verschiedene Holzarten, Behandlungsarten, Alter und Ertragsklassen sowie Standorte vorliegt. Bei Betrachtung aller dieser Graphika kann ganz allgemein gesagt werden, daß auch im Untersuchungsgebiet der Abteilung Ertragskunde $\lambda_{0,9}$ nur in ganz geringer Korrelation zum Brusthöhendurchmesser steht und dies vor allem völlig unabhängig von Holzart, Ertragsklasse und Standort. Ergeben sich einmal stärkere Abhängigkeiten, so scheinen diese mit dem Bestockungsaufbau und den durch die Behandlungsart beeinflußbaren Strukturverhältnissen in Zusammenhang gebracht werden zu können, wie noch gezeigt werden wird.

231.211 Beispiele für die Unabhängigkeit zwischen $\lambda_{0,9}$ und $d_{1,3}$

Die Korrelationsrechnung gibt uns die Möglichkeit, die Straffheit des Zusammenhanges unter anderem zweier voneinander abhängiger Veränderlicher mathematisch-statistisch exakt zu untersuchen. Es soll daher zunächst an Hand zweier Beispiele die Abhängigkeit zwischen $\lambda_{0,9}$ und $d_{1,3}$ im Bestand auf diese Weise untersucht werden. Es wird dabei auf zwei Bestände zurückgegriffen, die einmal ohne Einschränkungen als Repräsentanten dieser zu untersuchenden Verhältnisse gelten können und zum anderen in vorliegender Arbeit zu noch weiteren Untersuchungen herangezogen werden. Es handelt sich dabei um den 100jährigen nordostdeut-

schen Kiefernbestand Finowtal 211 und zum anderen um die 83jährige Harzer Fichtenversuchsfläche Güntersberge 120 III.
In den Abb. 1 und 2 sind für die beiden Bestände sämtliche am liegenden Stamm ermittelten Formzahlen jeweils über dem Brusthöhendurchmesser dargestellt.

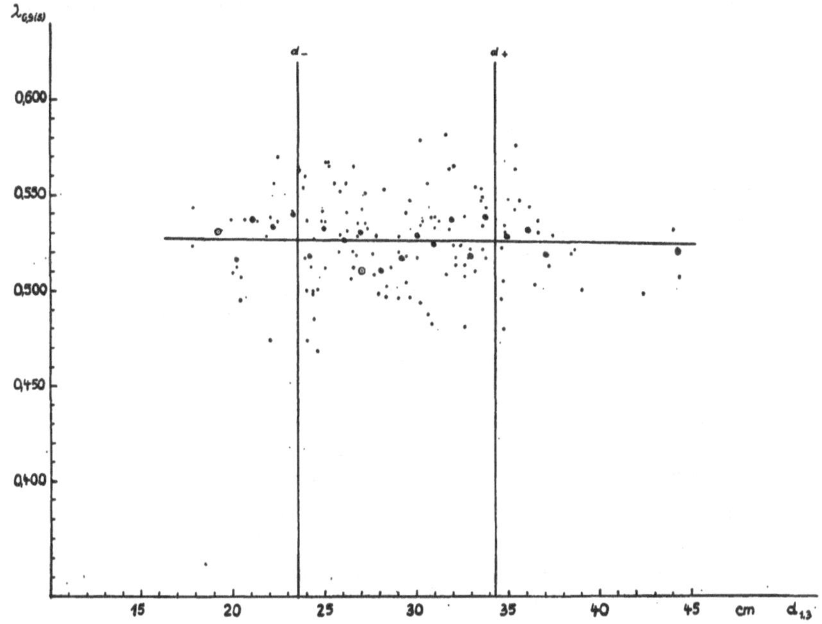

Abb. 1. Finowtal 211, Kiefer. Die echte Schaftholzformzahl $\lambda_{0,9}$ sämtlicher 139 Stämme über dem Brusthöhendurchmesser.

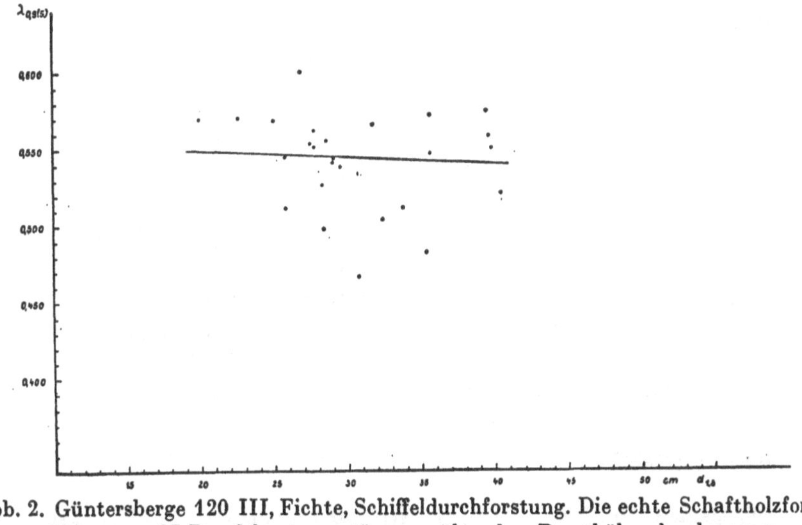

Abb. 2. Güntersberge 120 III, Fichte, Schiffeldurchforstung. Die echte Schaftholzformzahl $\lambda_{0,9}$ von 27 Durchforstungsstämmen über dem Brusthöhendurchmesser.

Es ist dabei darauf hinzuweisen, daß es sich bei dem Finowtaler Bestand um einen 0,5 ha großen Kahlschlag handelt, für den also für alle Stämme die Formzahlen ermittelt werden konnten, während die Formzahlen von Güntersberge 120 III — Schiffeldurchforstung — auf den Durchforstungsanfall 1954 zurückgehen. Sie müssen als repräsentativ für den Gesamtbestand angesehen werden, da der gemäß Versuchsziel durchgeführte starke Eingriff vor allem in die herrschenden Baumklassen eine repräsentative Probe des gesamten Bestandesmaterials entnommen haben dürfte.

An den Abbildungen fällt sofort auf, daß die Formzahlwerte in keiner besonderen Abhängigkeit vom Durchmesser stehen, d. h., verschieden starke Stämme haben im Mittel annähernd die gleiche echte Schaftholzformzahl $\lambda_{0,9}$. In beiden Fällen läßt sich die „Punktwolke“ der $\lambda_{0,9}$-Werte ohne Zwang durch eine Gerade ausgleichen, die mit wachsendem Durchmesser ganz leicht abfällt. Die 1 cm-Durchmesserstufen-Mittelwerte von $\lambda_{0,9}$ — sie sind nur auf Abb. 1 durch stärkere Punkte hervorgehoben — scharen sich recht augenfällig völlig zwanglos und gleichmäßig verteilt um die Ausgleichsgerade, so daß es von vornherein gerechtfertigt erscheint, nach der nun folgenden Korrelationsrechnung auf eine Prüfung der Linearität der Regression zu verzichten.

Wegen der relativ niedrigen Anzahl von Wertepaaren der beiden Beispielsbestände — 139 bzw. 27 — die ein Zusammenfassen der Einzelwerte zu Klassen im Hinblick auf eine genauere Rechnung nicht ratsam erscheinen ließ, wurde für die Korrelationsrechnung das Schema von F. A. WILLERS (68, S. 187) gewählt, das nach einer Ausgleichsrechnung zur Ermittlung der Ausgleichsgeraden den Korrelationskoeffizienten r berechnet.

Die Regressionsgerade für fehlerbehaftete Ordinaten ist danach zu berechnen über den Ansatz

$$\lambda_{0,9} = a + b \cdot d_{1,3}.$$

Für Finowtal 211 — Kiefer — ergibt sich demzufolge

$$\lambda_{0,9} = 0{,}5283 - 0{,}000\,010\,465\, d_{1,3}.$$

Dieser Ausdruck zeigt bereits sehr deutlich, daß infolge des sehr kleinen negativen Faktors b der Abfall der Ausgleichsgeraden mit wachsendem Durchmesser ganz unerheblich ist. Der Regressionskoeffizient b gibt ja an, um wieviel die abhängige Veränderliche sich im Durchschnitt ändert, wenn die unabhängige um 1 wächst (39, S. 30). Nimmt im vorliegenden Falle $d_{1,3}$ um 1 cm zu, so fällt $\lambda_{0,9}$ um 0,000010465, also um ganze 0,0019% des arithmetischen Mittels von $\lambda_{0,9}$. Immerhin scheint eine gewisse, wenn auch wenig straffe Abhängigkeit zwischen $\lambda_{0,9}$ und $d_{1,3}$ vorzuliegen. Ob diese Abhängigkeit jedoch „statistisch“ gesichert ist, kann „exakt“ nachgewiesen werden. Der als Maß für die Straffheit des Zusammenhanges zwischen $\lambda_{0,9}$ und $d_{1,3}$ zu berechnende Korrelationskoefffzient r muß bei bestehender Abhängigkeit „signifikant“[3]) von Null abweichen, auch wenn er einen noch so kleinen, von Null wenig unterschiedlichen Wert aufweist.

---

[3]) Gleichbedeutend mit „statistisch gesichert“ für „Schätzwerte“ = Kennwerte einer empirischen Verteilung (45, S. 64) und mit „bedeutsam“ zu übersetzen. Ausdruck soll

Mit
$$r = -0{,}0230 \pm 0{,}0848$$

errechnet sich für Finowtal 211 — Kiefer — ein sehr niedriger Korrelationskoeffizient, der bei funktionaler Abhängigkeit der $\lambda_{0,9}$-Werte von den $d_{1,3}$-Werten gleich 1,0000 sein würde. Er ist in diesem Falle jedoch noch nicht einmal 0,1000, so daß hieraus schon ersichtlich ist, wie wenig der Brusthöhendurchmesser die echte Schaftholzformzahl zu beeinflussen vermag. Nach HOPMANN (25, S. 196) ist eine wirkliche Abhängigkeit erst dann vorhanden, wenn ein Korrelationskoeffizient — berechnet aus einer entsprechend großen Anzahl von Wertepaaren — größer ist als sein dreifacher Fehler, wobei HOPMANN stillschweigend eine Überschreitungswahrscheinlichkeit von $P = 0{,}1\%$ voraussetzt und dabei den Maßstab für eine sehr gute Sicherung anlegt. Aber selbst wenn man sich mit der allgemein als ausreichend angesehenen Überschreitungswahrscheinlichkeit von $P = 5\%$ begnügt, nach der r rund zweimal größer als sein Fehler sein müßte, um als gesichert von Null abweichend zu gelten, käme im vorliegenden Falle diese einfache Sicherung nicht zustande, da eben m_r, der Fehler des Korrelationskoeffizienten, sogar rund $3^1/_2$mal größer als r selbst ist.
LINDER gibt als ein weniger als der Korrelationskoeffizient r bekanntes Maß der Bestimmtheit der Abhängigkeit zwischen zwei Größen das sogenannte *Bestimmtheitsmaß* B an, das neben dem Vorzug der einleuchtenderen Deutung den Vorteil hat, anzugeben, welcher Anteil der Streuung von y sich aus der Veränderung von x erklären läßt (39, S. 33). Der Zusammenhang zwischen r und B ist
$$r = \sqrt{B} \quad \text{bzw.} \quad B = r^2.$$

Im Beispielsfalle ist also
$$B = 0{,}000529,$$

d. h., nur 0,05% der Streuung von $\lambda_{0,9}$ lassen sich aus der Veränderung von $d_{1,3}$ durch lineare Regression erklären, mit anderen Worten: Die Wahrscheinlichkeit ist nur 0,05%, daß eine Änderung von $\lambda_{0,9}$ durch eine solche von $d_{1,3}$ hervorgerufen wird.
Es ist damit ein weiterer Beweis für die erhebliche Unabhängigkeit der $\lambda_{0,9}$-Werte vom Brusthöhendurchmesser bei dem untersuchten Finowtaler Kiefernbestand erbracht, und jetzt soll nur noch der bereits angekündigte „exakte" Beweis über die Existenzprüfung der Korrelation erfolgen.
Dabei wird also die Frage gestellt, ob r mehr als zufällig von Null abweicht. Sie läßt sich nach LINDER (39, S. 104) verhältnismäßig einfach beantworten, weil nämlich die Prüfgröße
$$\frac{r}{\sqrt{1 - r^2}} \cdot \sqrt{N - 2}$$

verteilt ist nach der sogenannten „t-Verteilung" von „STUDENT" und ein

---

anzeigen, daß es sich nicht um Sicherheiten im üblichen Sinne, sondern stets um sehr hohe Wahrscheinlichkeiten handelt.

t-Test in der Form

$$t = \frac{r}{\sqrt{1 - r^2}} \cdot \sqrt{N - 2}$$

durchgeführt werden kann.
Die Rechnung ergibt für diesen t-Test

$$t = \frac{0{,}023}{\sqrt{0{,}999471}} \cdot \sqrt{139 - 2} = 0{,}269,$$

wobei die Freiheitsgradzahl $n = N - 2$. zugrundegelegt werden muß. Im LINDERschen Lehrbuch finden wir in der Tafel III — Verteilung von t — für $p = 0{,}05$ für

$$n = 120 \text{ ein } t = 1{,}980$$

und

$$n = 140 \text{ ein } t = 1{,}977.$$

Das errechnete $t = 0{,}269$ bleibt demnach ganz klar schon unter den t-Werten für eine nur 5%ige Überschreitungswahrscheinlichkeit, $r = 0{,}0230$ weicht damit nicht signifikant von Null ab, es besteht mathematisch-statistisch gesehen im Finowtaler Kiefernbestand 211 überhaupt keine Korrelation zwischen $\lambda_{0,9}$ und $d_{1,3}$.
Wir berechnen nun noch zwei Streuungsmaße in Absolut- und Relativwerten. Mit σ_y bezeichnen wir nach HUGERSHOFF (27) die Gesamtstreuung oder „nicht bedingte Streuung" der Ordinaten-, in unserem Falle der $\lambda_{0,9}$-Werte, und mit σ_{v_y} die „bedingte Streuung" dieser $\lambda_{0,9}$-Werte um die Ausgleichsgerade und erhalten

$$\sigma_y = 0{,}024746 \quad \text{und} \quad \sigma_{v_y} = 0{,}024740,$$

wobei wir die „bedingte Streuung" aus den Werten der „nicht bedingten Streuung" und des Korrelationskoeffizienten über den Ansatz

$$\sigma_{v_y} = \sigma_y \cdot \sqrt{1 - r^2}$$

errechnen. Die entsprechenden Relativwerte dieser Streuungen, die Variabilitätskoeffizienten, ergeben sich nach folgenden Gleichungen:

$$s_{\lambda_{0,9}}\% = \frac{s_{\lambda_{0,9}} \cdot 100}{\bar{\lambda}_{0,9}} = \frac{0{,}024740 \cdot 100}{0{,}5253} = 4{,}7097,$$

wobei für $s_{\lambda_{0,9}}$ der Wert von σ_{v_y} eingesetzt ist oder

$$s_{\lambda_{0,9}}\% = \frac{0{,}024746 \cdot 100}{0{,}5253} = 4{,}7108$$

bei Einsetzen des Wertes σ_y für $s_{\lambda_{0,9}}$. Die 2. Berechnung ist methodisch richtiger, da wir im vorliegenden Falle klar bewiesen haben, daß eine Abhängigkeit zwi-

schen $\lambda_{0,9}$ und $d_{1,3}$ nicht besteht und damit eine „ausgleichende“ Gerade und eine Streuung um dieselbe nicht real sind.
Überdies sind sich aber auf Grund der großen Ähnlichkeit der beiden verschiedenen Streuwerte die beiden Variabilitätskoeffizienten ziemlich gleich und haben beide, leicht auf- oder abgerundet, den Wert 4,71%. Dieser Wert paßt gut in den von KRENN (32, S. 85) angegebenen Rahmen relativer Streuungswerte seiner auf $\lambda_{0,9}$ untersuchten Bestände, der bei ihm von 3,7 bis 8,3% reicht.
Zur Bestimmung der Bestandesformzahl $\lambda_{0,9}$ für Finowtal 211 nur mit der für eine Genauigkeit von 2% unbedingt erforderlichen Anzahl liegender Probestämme, anstatt mit Hilfe sämtlicher 139 Kahlschlagstämme, hätten 22 Stämme ausgereicht. Es ist nämlich die Genauigkeit eines arithmetischen Mittels

$$G\% = \frac{t \cdot s_x\%}{\sqrt{N}}$$

oder die zum Erreichen dieser Genauigkeit erforderliche N-Zahl

$$N = \left(\frac{t \cdot s_x\%}{G\%}\right)^2.$$

Der in der Gleichung vorkommende Wert t der „STUDENTschen“ t-Verteilung richtet sich in seiner Größe nach der Freiheitsgradzahl von $s_x\%$ und wird meist für eine Grenzwahrscheinlichkeit von $P = 5\%$ veranschlagt, so daß er für das Beispiel aus der Oberförsterei Finowtal bei 138 Freiheitsgraden den Wert 1,98 haben muß. Es ist demnach

$$N = \left(\frac{1{,}98 \cdot 4{,}71\%}{2\%}\right)^2 = 21{,}74 \approx 22$$

und damit eine annähernde Übereinstimmung mit der KRENNschen Fehlerrechnung erzielt, die jedoch keine absolut vergleichsfähigen Werte liefert, da KRENN die Genauigkeit ohne Berücksichtigung des Wertes t berechnet und seine Aussagen damit nur mit 68,3% statt mit 95% Wahrscheinlichkeit Gültigkeit haben.
Für die Harzer Fichtenversuchsfläche Günterberge 120 III ergeben sich bezüglich des Verhältnisses zwischen $\lambda_{0,9}$ und $d_{1,3}$ folgende Zahlenwerte:

1. Gleichung der Ausgleichsgeraden:

$$\lambda_{0,9} = 0{,}5524 - 0{,}000\,249\,892\, d_{1,3}$$

2. Korrelationskoefffzient:

$$r = -0{,}0470 \pm 0{,}1920$$

3. Bestimmtheitsmaß:

$$B = r^2 = 0{,}0022$$

4. t-Test zur Existenzprüfung von r:

$$t = \frac{r}{\sqrt{1 - r^2}} \cdot \sqrt{N - 2} = \frac{0,0470}{\sqrt{0,99779}} \cdot \sqrt{25} = 0,235$$

Tabellenwert t bei n = N − 2 = 25 für p = 0,05 ist 2,060. r also nicht signifikant von Null verschieden und damit keine signifikante Abhängigkeit zwischen $\lambda_{0,9}$ und $d_{1,3}$.

5. Variabilitätskoeffizienten:

$$\sigma_{v_y}\% = \frac{0,031259 \cdot 100}{0,5450} = 5,7356$$

$$\approx 5,74$$

$$\sigma_y\% = \frac{0,031294 \cdot 100}{0,5450} = 5,7420$$

6. Erforderliche Probestammzahl für eine Aufnahmegenauigkeit von 2%:

$$N = \left(\frac{2,06 \cdot 5,74\%}{2\%}\right)^2 = 34,95 \approx 35$$

Für die Güntersberger Schiffeldurchforstungsfläche trifft demnach dasselbe zu wie für die Finowtaler Kiefern-Probefläche und einen großen Teil des bei der Abteilung Ertragskunde vorhandenen Materials, als dessen Repräsentanten die beiden Bestände durchaus gelten können: $\lambda_{0,9}$ ist „statistisch gesichert" unabhängig vom Brusthöhendurchmesser.

Zuletzt seien noch die Korrelationskoeffizienten für die Beziehung $\lambda_{0,9}/d_{1,3}$ aus einer 1954 bei der Forstwirtschaftlichen Fakultät Eberswalde eingereichten Diplom-Arbeit von WEISS angegeben (62).

WEISS fand in Thüringen für

einen 66jährigen Kiefernbestand IV. Ertragsklasse r = 0,0372,

einen 50jährigen Kiefernbestand III./IV. Ertragsklasse r = 0,1355

und

einen 105jährigen Kiefernbestand I./II. Ertragsklasse r = 0,0290,

in der Mark Brandenburg für

einen 55jährigen Kiefernbestand II. Ertragsklasse r = 0,0836

und

einen 120jährigen Kiefernbestand II./III. Ertragsklasse r = 0,0066.

Obwohl nicht untersucht wurde, ob diese Korrelationskoeffizienten „statistisch gesichert" von Null abweichen, zeigen ihre niedrigen Werte deutlich, wie gering ein etwa bestehender Zusammenhang zwischen echter Schaftholzformzahl und

Brusthöhendurchmesser für diese räumlich weit auseinanderliegenden Kiefernbestände sehr unterschiedlichen Alters und unterschiedlicher Ertragsklasse sein muß.

231.212 Beispiele für die Abhängigkeit zwischen $\lambda_{0,9}$ und $d_{1,3}$

Nachdem unter 231.211 gezeigt wurde, daß die von HOHENADL und KRENN vertretene Meinung über die Unabhängigkeit der echten Schaftholzformzahl vom Brusthöhendurchmesser wissenschaftlich einwandfrei nachweisbar und in den untersuchten Fällen auch zutreffend ist, sollen nunmehr — ebenfalls mathematisch-statistisch untermauert — an Hand einer Kieferndurchforstungs-Versuchsflächenreihe und einer Kiefernprobefläche 6 Bestandesbeispiele untersucht werden, bei denen für diese beiden Variablen eine mehr oder minder straffe — und zwar nicht lineare — Korrelation vorzuliegen scheint. Es handelt sich bei den untersuchten Beständen einmal um die 5 Einzelflächen der 40jährigen Durchforstungsflächenreihe I. Ertragsklasse Chorin 97 I—V und zum anderen um eine bisher undurchforstete 36jährige Probefläche in Finowtal 260, deren Probestamm-Material für waldwachstumskundliche Untersuchungen der Abteilung Ertragskunde ausgewertet wurde. Die Meßwerte von Chorin 97 entstammen der letzten planmäßigen Aufnahme dieser Flächenreihe im Frühjahr 1953, diejenigen der Finowtaler Probefläche wurden im Herbst 1954 im Rahmen oben angegebener Untersuchungen mitgemessen.
Das 40jährige starke Stangenholz Chorin 97 I—V weist in der Reihenfolge der römischen Bezifferung folgende Durchforstungsarten und -grade auf: Schwache Hochdurchforstung, Schnellwuchsbetrieb, mäßige Niederdurchforstung, „ohne Durchforstung" und „Durchforstung nach Prof. OLBERG". In allen Flächen, bis auf die Fläche ohne Durchforstung, in der immer nur eine Totenbestattung stattfindet, erstreckte sich der Durchforstungseingriff mehr oder weniger auf alle Baumklassen der gesamten Durchmesservariationsbreite, so daß mit einer gewissen Sicherheit diese sämtlich sektionsweise aufgemessenen Aushiebsstämme als repräsentativ für den jeweiligen Gesamtbestand gelten können.
Die Repräsentation des Gesamtbestandes durch die Aushiebsstämme ist im Falle von Finowtal 260 von vornherein gewährleistet, da die hier gefällten 25 Probestämme dem Untersuchungszweck entsprechend nicht im Anhalt an eine bestimmte Durchforstungsregel, sondern rein subjektiv — auf alle vorkommenden soziologischen Baumklassen und Durchmesser verteilt — entnommen wurden. Die Abb. 3—7 zeigen in graphischer Darstellung die $\lambda_{0,9}$-Werte des jeweiligen Bestandes über dem dazugehörenden Brusthöhendurchmesser aufgetragen. Es fällt im Gegensatz zu den Abb. 1 und 2 auf, daß hier eine mehr oder weniger stark ausgeprägte stochastische Abhängigkeit in Form einer Funktion 2. Grades vorliegt.
Die dabei auftretenden systematischen Unterschiede in der Höhe des Wertes von $\lambda_{0,9}$ bei verschiedenem Brusthöhendurchmesser gehen bei weitem über die von HOHENADL, KRENN und ALTHERR gefundenen hinaus, so daß hier keineswegs gesagt werden kann, $\lambda_{0,9}$ und damit die Schaftform sei in diesen

Flächen unabhängig vom Durchmesser. Es soll aber zunächst festgestellt werden, wie weit die dem Augenschein nach wahrzunehmenden, durch Parabeln ausgleichbaren stochastischen Abhängigkeiten wirklich als gesichert gelten können.

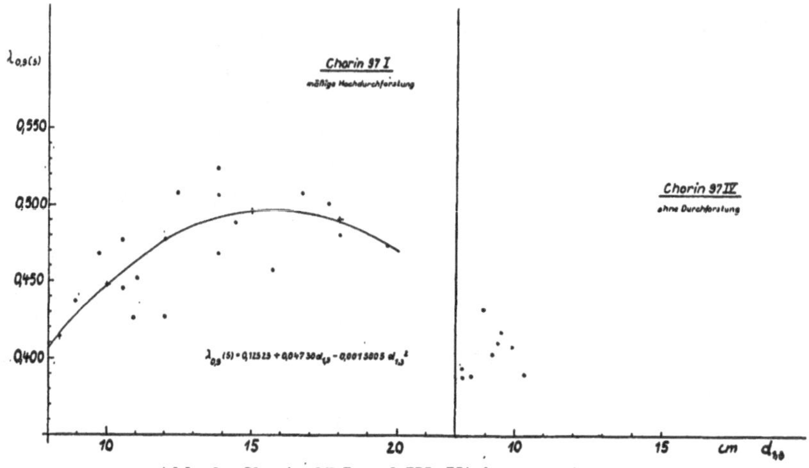

Abb. 3. Chorin 97 I und IV, Kiefer. $\lambda_{0,9}$ über $d_{1,3}$.

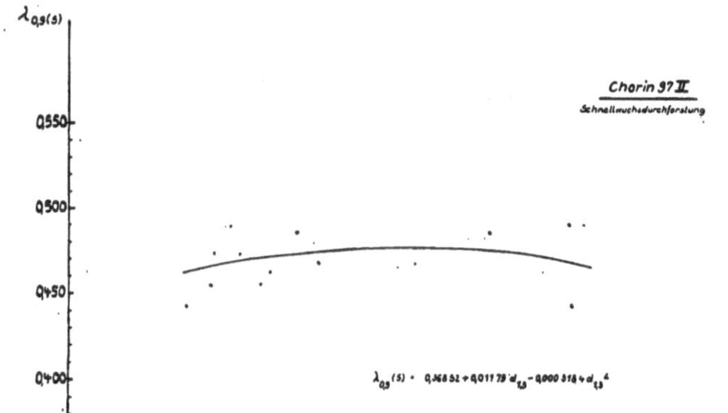

Abb. 4. Chorin 97 II, Kiefer. $\lambda_{0,9}$ über $d_{1,3}$

Der Nachweis erfolgt wiederum über die Korrelationsrechnung, diesmal nach dem Beispiel HUGERSHOFFs (27, S. 78ff.) für nichtlineare Korrelationen. Wie oben bereits festgestellt, scheint es zulässig, die ,,Punktwolken" der $\lambda_{0,9}$-Werte über $d_{1,3}$ für die Abb. 3–7 durch die Beziehung

$$Y = A + B \cdot X + C \cdot X^2$$

auszugleichen.

Die nach dieser Gleichung berechneten Ausgleichskurven und -funktionen sind in den Abb. 3–7 dargestellt. Das stets negative $d_{1,3}^2$-Glied zeigt die zur x-Achse hin geöffnete Form der Parabel an, seine geringe Größe ist ein Hinweis für die mehr oder weniger gestreckte Parabelform mit der Tendenz zu einer Geraden. Es liegt aus diesem Grunde die Vermutung nahe, daß diejenigen Ausgleichskurven mit den kleinsten $d_{1,3}^2$-Gliedern unter Umständen durch eine Gerade an-

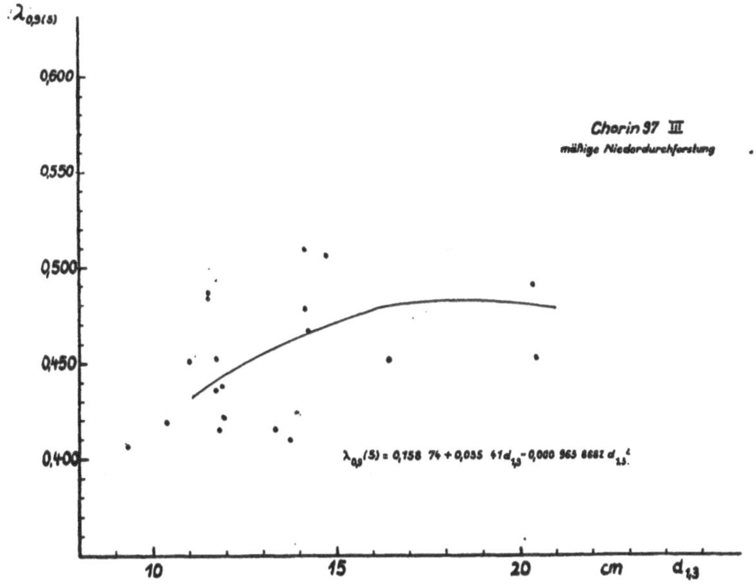

Abb. 5. Chorin 97 III, Kiefer. $\lambda_{0,9}$ über $d_{1,3}$.

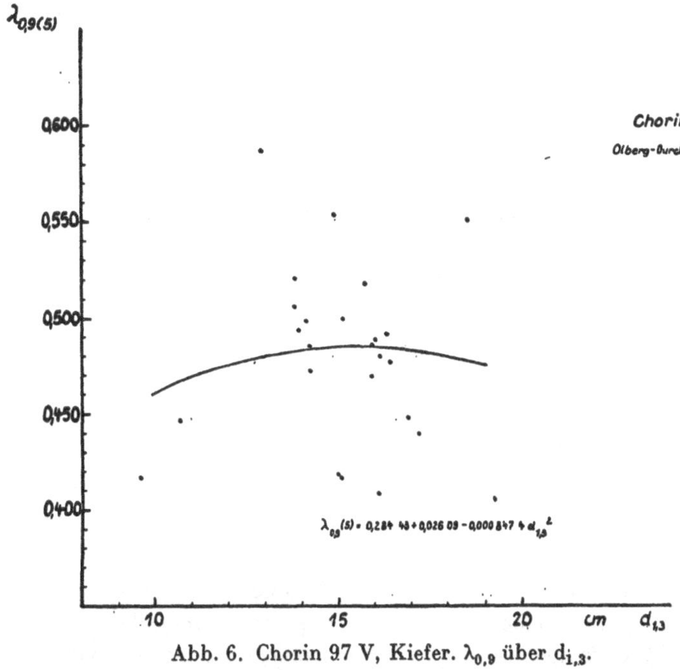

Abb. 6. Chorin 97 V, Kiefer. $\lambda_{0,9}$ über $d_{1,3}$.

nähernd parallel zur x-Achse ausgeglichen werden könnten. In diesem Falle bestünde dann trotz der parabelähnlichen Form der Ausgleichslinie keine gesicherte Abhängigkeit zwischen $\lambda_{0,9}$ und dem Brusthöhendurchmesser.

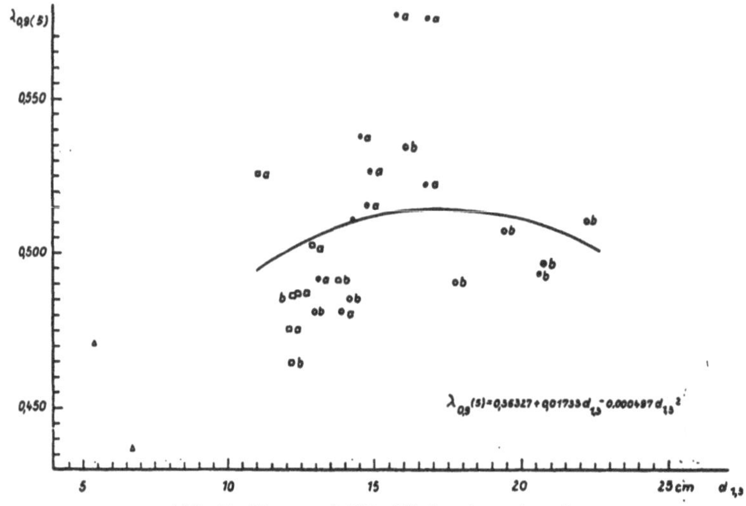

Abb. 7. Finowtal 260, Kiefer. $\lambda_{0,9}$ über $d_{1,3}$.
• = Baumklasse 1, ○ = Bkl. 2, □ = Bkl. 3, △ = Bkl. 4

Wir untersuchen die Abhängigkeitsverhältnisse dieser beiden Größen wiederum exakt über den Korrelationskoeffizienten r und sein signifikantes bzw. nicht signifikantes Abweichen von Null. Das Quadrat des Korrelationskoeffizienten r für eine nichtlineare Abhängigkeit berechnen wir nach HUGERSHOFF als

$$r^2 = 1 - \frac{\sigma_{v_y}^2}{\sigma_y^2},$$

wobei dieser Ausdruck zahlenmäßig annähernd mit dem PEARSONschen *Korrelationsverhältnis* $\eta_{y/x}^2$ übereinstimmt.

Für die Ertragsprobefläche Finowtal 260 erhalten wir in Durchführung der Berechnung dieses Korrelationskoeffizienten für

$$\sigma_{v_y} = \pm 0{,}0280426 \quad \text{und} \quad \sigma_y = \pm 0{,}0307226.$$

Beide Streuungswerte unterscheiden sich nicht wesentlich voneinander und betragen als Variabilitätskoeffizienten

$$\sigma_{v_y}\% = 5{,}58 \quad \text{und} \quad \sigma_y\% = 6{,}11.$$

Das bedeutet im übertragenen Sinne: Die Ausgleichsparabel hat die Gesamtstreuung nur wenig einschränken können; es kann damit die Abhängigkeit nicht besonders groß sein, wenn die Parabel die Streuwerte annähernd sicher ausgleicht. Es ist demzufolge fraglich, ob der zu berechnende Korrelationskoeffizient überhaupt „statistisch gesichert“ von Null abweicht und damit eine Abhängigkeit bestätigt. Da

$$r^2 = 1 - \frac{\sigma^2_{v_y}}{\sigma^2_y} = 1 - 0,833145 = 0,166855,$$

ist die Bestimmtheit also nur 16,69%, daß mit dem Wachsen von $d_{1,3}$ gleichermaßen auch $\lambda_{0,9}$ in Form einer Funktion 2. Grades wächst. Der Korrelationskoeffizient selbst ist

$$r = 0,4085 \pm 0,1666,$$

der Wert seiner Prüfgröße für die Existenzprüfung ist

$$t = \frac{r}{\sqrt{1 - r^2}} \cdot \sqrt{N - 2} = \frac{0,4085}{\sqrt{0,833145}} \cdot \sqrt{23} = 2,146.$$

In einer Tafel mit der Verteilung von t, z. B. bei LINDER (39, S. 255) finden wir gemäß der Freiheitsgrade n= N − 2 = 23

für P = 0,05 ein t = 2,069

und für P = 0,01 ein t = 2,807.

Es liegt damit der berechnete t-Wert zwischen diesen beiden Tafelwerten, r = 0,4085 ist also „statistisch gesichert“ von Null verschieden, es besteht tatsächlich in diesem Falle eine stochastische Abhängigkeit zwischen $\lambda_{0,9}$ und $d_{1,3}$, die durch eine Funktion 2. Grades ausgeglichen werden kann.

Dies trifft ebenfalls für die schwach hochdurchforstete Kiefernfläche Chorin 97 I zu. Auch bei dieser Versuchsfläche ist trotz eines nur geringen Unterschiedes zwischen „bedingter“ und „nicht bedingter Streuung“ — 5,80 und 7,50% — der Korrelationskoeffizient

$$r = 0,6351 \pm 0,01334$$

„gut gesichert“ von Null verschieden und bestätigt damit für diesen Bestand die stochastische Abhängigkeit zwischen $\lambda_{0,9}$ und $d_{1,3}$ in Form einer Parabel.

Für Chorin 97 III — mäßige Niederdurchforstung — ist der errechnete Korrelationskoeffizient

$$r = 0,3260 \pm 0,2050$$

nicht „statistisch gesichert“ von Null verschieden, und für die beiden restlichen Flächen Chorin 97 II — Schnellwuchsbetrieb — und Chorin 97 V — Durchforstung nach Prof. OLBERG — ließen sich über den Ansatz

$$r = \pm \sqrt{1 - \frac{\sigma^2_{v_y}}{\sigma^2_y}}$$

gar keine Korrelationskoeffizienten berechnen, da die durch die Ausgleichskurven erzielte Einschränkung der Streuung so gering ist, daß bei der Division der Streuungsquadratsumme der σ_{v_y}-Werte durch die dafür in Frage kommende Freiheitsgradzahl N—3 sich rein rechnerisch größere Streuwerte ergeben als bei der Division der unmerklich größeren Streuungsquadratsumme der σ_y-Werte durch die Freiheitsgradzahl N—1 und damit ein negativer Ausdruck unter der Wurzel, eine imaginäre Zahl, zustandegekommen wäre. Es kann daraus gefolgert werden, daß in diesen beiden Fällen die $\lambda_{0,9}$-Streuwerte eher durch eine Gerade annähernd parallel zur x-Achse ausgeglichen werden als durch die berechneten Parabeln und damit — wie es meist der Fall ist — kein Zusammenhang zwischen $\lambda_{0,9}$ und $d_{1,3}$ besteht.

Nur bei zwei der fünf untersuchten Bestände konnte also der positive Nachweis „statistisch gesicherter" Abhängigkeit zwischen echter Schaftholzformzahl und Brusthöhendurchmesser erbracht werden, für Finowtal 260 und Chorin 97 I. Auf der Suche nach Gründen für dieses Abweichen vom allgemein Üblichen fällt ein für beide Flächen gleiches Merkmal auf. Beide Bestände weisen eine beachtliche Heterogenität in Höhe und Brusthöhendurchmesser auf, der eine, weil er bisher noch nicht durchforstet wurde und der andere, weil die Hochdurchforstung in diesem Alter auch bei der Kiefer einen noch sehr stufigen Bestockungsaufbau erhalten konnte, so daß in beiden Fällen eine zweigipflige Verteilung von Höhen- und Durchmesserfrequenz vorhanden sein dürfte, wie es für die Durchmesserfrequenzkurve von Chorin 97 I nach der letzten Aufnahme auch wirklich der Fall ist.

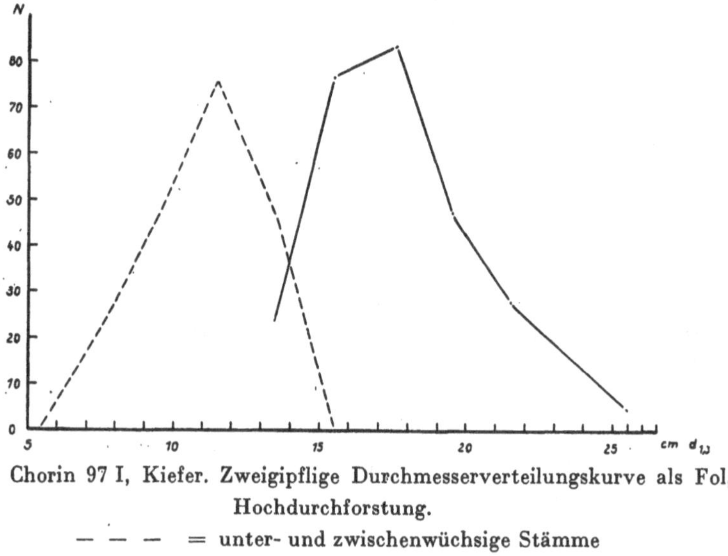

Abb. 8. Chorin 97 I, Kiefer. Zweigipflige Durchmesserverteilungskurve als Folge der Hochdurchforstung.

— — — = unter- und zwischenwüchsige Stämme

——— = herrschende und vorherrschende Stämme

Es liegen damit mindestens 2 Kollektive in statistischem Sinne vor, und es kann so nicht verwunderlich sein, wenn $\lambda_{0,9}$ dadurch in der Abhängigkeit von $d_{1,3}$ beeinflußt wird.

Die angedeutete, jedoch nicht signifikante Abhängigkeit auf den Choriner Parallelflächen könnte ebenfalls trotz Niederdurchforstung und Lichtung, erst recht aber gerade bei der stufig gehaltenen „OLBERG-Fläche" bei der hohen Wuchsintensität einer vorliegenden nahezu I. Ertragsklasse und sehr hohen Bestandesgrundflächenhaltungen (25,87—43,44 m^2! für Kiefer im Alter 40) auf eine über das übliche Maß hinausgehende Heterogenität des Bestockungsaufbaues zurückgeführt werden. Es ist anzunehmen, daß die nicht durchforstete Fläche Chorin 97 IV auf Grund ihrer besonders augenfälligen Ungleichheit in Höhe und Durchmesser ein ähnliches Ergebnis wie die Hochdurchforstungsfläche aufweisen würde. Das beweisen bereits die in Abb. 3 dargestellten Formzahlen von 9 toten Stämmen, die eine durchschnittliche Formzahl von 0,403 haben und damit ganz beträchtlich unter dem Durchschnitt ihrer herrschenden Bestandesglieder liegen dürften.

Die praktische Nutzanwendung der eben gefundenen Ergebnisse ist folgende: Jüngere und stufig oder mehrschichtig aufgebaute Bestockungen lassen vermuten, daß sie sich aus mehreren statistischen Kollektiven zusammensetzen und demzufolge gesicherte Abhängigkeiten zwischen $\lambda_{0,9}$ und $d_{1,3}$ aufweisen werden. Sollen für diese Bestände das arithmetische Mittel aus Einzelwerten von $\lambda_{0,9}$, die Streuung oder andere statistische Kennwerte zu statistischen Auswertungsarbeiten verwandt werden, so ist durch Darstellung der $\lambda_{0,9}$-Werte über dem Brusthöhendurchmesser erst zu prüfen, ob sie unabhängig vom Durchmesser sind und damit ein statistisches Kollektiv darstellen.

Über die eben besprochenen jüngeren Kiefernbestände hinaus wurden von der Abteilung Ertragskunde besonders bei ertragskundlichen Pappeluntersuchungen in schlecht gepflegten Pappelbeständen stärkere Abhängigkeiten zwischen $\lambda_{0,9}$ und $d_{1,3}$ gefunden.

Zuletzt sei zu den eben untersuchten Kiefernbeständen in den Oberförstereien Chorin und Finowtal noch gesagt, daß die relativen Streumaße ihrer $\lambda_{0,9}$-Werte stets über 5% des Mittelwertes und damit sehr hoch liegen und im Falle der OLBERG-Durchforstungsfläche Chorin 97 V mit einem Variationskoeffizienten von über 9% sogar die Formzahlstreuung des von KRENN untersuchten Schwarzwald-Tannen-Plenterbestandes im Badischen Forstamt Kandern übertreffen, die bei einer Durchmesserspreitung von $\frac{11-86}{31,2}$ cm und einem Höchstalter einzelner Stämme von 148 Jahren nur einen Wert von 8,33% erreichte (32, S. 33 und 85). Diese hohen relativen Streuwerte haben zwei Gründe: Durch die Inhomogenität der Bestände sind die absoluten Streuwerte bereits sehr hoch, und sie werden dann noch mit relativ niedrigen Formzahlmittelwerten, wie sie für jüngere Bestände typisch zu sein scheinen, verglichen, so daß sich zwangsläufig hohe Variabilitätskoeffizienten ergeben müssen.

Auf jeden Fall ist für das Untersuchungsgebiet der Abteilung Ertragskunde ein etwas breiterer Streurahmen für die $\lambda_{0,9}$-Werte anzunehmen, wie ihn KRENN mit 3,7—8,3% angibt (32, S. 85), wenn auch die von ihm getroffenen Feststellungen, daß

1. „die Streumaße in ihren absoluten Größen nicht sehr wesentlich von der Holzart, wohl aber von der Homogenität der Bestände abhängig sind"

und

2. „die prozentualen Streumaße hingegen wesentlich von der Holzart bzw. der bezüglichen durchschnittlichen Formzahl abhängen dürften" (32, S. 84)

in Norddeutschland ebenfalls zutreffen.

231.22 Abhängigkeitsverhältnisse zwischen $\lambda_{0,9}$ und soziologischer Baumklasse

Wenn zwischen echter Schaftholzformzahl und Brusthöhendurchmesser in den meisten Fällen nur eine ganz unbedeutende Korrelation besteht, so muß dies auch für das Abhängigkeitsverhältnis zwischen echter Schaftholzformzahl und soziologischer Baumklasse zutreffen, und zwar um so mehr, je enger die soziologischen Baumklassen mit dem Brusthöhendurchmesser korreliert sind. Die bereits besprochenen Untersuchungen HOHENADLs, KRENNs und ALTHERRs sowie meine eigenen über die Abhängigkeit zwischen $\lambda_{0,9}$ und $d_{1,3}$ ließen jedoch erkennen, daß die durchmessermäßig schwächsten und stärksten Stämme der untersuchten Bestände oft geringere Formzahlen hatten als das Gros der Stämme im einfachen $\pm$-Streubereich der Durchmesserfrequenz. Es wäre demnach zu prüfen, ob diese Formzahlunterschiede der Baumklassen untereinander und zwischen den verschiedenen Baumklassen und dem Bestandesmittelwert statistisch gesichert sind. Bei Vorliegen solcher gesicherter Unterschiede wäre es selbstverständlich falsch, $\lambda_{0,9}$-Werte bestimmter Baumklassen als Repräsentanten des gesamten Bestandes zu benutzen, um Formigkeits- und damit Massenunterschiede zwischen zwei Beständen zu testen.

Als ein Beispiel für eine derartige Prüfung der Abhängigkeit der echten Schaftholzformzahl von der soziologischen Baumklasse habe ich diesmal eine langfristige Douglasienversuchsfläche gewählt, und zwar eine solche aus dem 24jährigen Douglasienprovenienzversuch Freienwalde 171. Es handelt sich dabei um die leistungsmäßig beste Fläche des gesamten Versuchs, um die graue Herkunft Salmon Arm, British-Columbia, mit einer Ertragsklasse von I, 5 und einer Gesamtmassenleistung an Derbholz von 120,15 fm. Diese Fläche scheint mir aus mehreren Gründen besonders geeignet zu sein, eine derartige Untersuchung daran durchzuführen. Erstens war sie zum Zeitpunkt der Aufnahme 1953, auf die die Entnahme der Durchforstungsstämme zur Bestimmung der echten Formzahlen dieser Untersuchung zurückgeht, noch nicht durchforstet worden, so daß sie sich auf diese Weise in der Höhen- und vor allem in der Durchmessergliederung recht heterogen erwies, und zweitens wurde der erste Durchforstungseingriff aus waldbaulichen Gründen so geführt, daß Stämme sämtlicher soziologischer Baumklassen als Aushiebsmaterial anfielen, von denen 99 Stück zur $\lambda_{0,9}$-Bestimmung herangezogen wurden.

Tab. 1 macht deutlich, daß zwischen den soziologischen Baumklassen und dem Brusthöhendurchmesser trotz starker Überschneidungen der einzelnen Baum-

Tabelle 1

$d_{1,3}$ cm	Soziologische Baumklasse 1	2	3	4	zusammen	Bemerkungen
5				1	1	Baumklassenansprache nach der Nomenklatur des Vereins forstlicher Versuchsanstalten. Unterschiede zwischen Baumklasse 1 und 2 demnach nicht soziologischer, sondern qualitativer Art!
6			1	7	8	
7	1	1	2	8	12	
8		1	17	1	19	
9		4	5	1	10	
10	6	7	8		21	
11	9	7			16	
12	2	5			7	
13	1	2			3	
14		1			1	
15		1			1	
zus.	19	29	33	18	99	

klassen bei gleichem Durchmesser eine recht große Abhängigkeit bestehen muß, für die sich tatsächlich der SPEARMANsche Rangkorrelationskoeffizient (11, S. 21)

$$\varrho = 1 - 6\frac{\sum_{i=1}^{N}(u_i - v_i)^2}{N \cdot (N^2 - 1)} = 0{,}7289$$

errechnen ließ.

Im vorliegenden Falle mußte die Straffheit der Beziehung zwischen den beiden Veränderlichen an Stelle des Maßkorrelationskoeffizienten r mit dem Rangkorrelationskoeffizienten ϱ gemessen werden, da es sich um eine Korrelation eines qualitativen Merkmals, der soziologischen Baumklasse, mit einem stetig veränderlichen Merkmal, dem Brusthöhendurchmesser, handelt. Die Existenzprüfung des berechneten ϱ-Wertes erfolgt bei dem für seine Berechnung zugrundegelegten $N \geqq 20$ über die Prüfgröße

$$\varrho \cdot \sqrt{N - 1},$$

die nach der λ-Normalverteilung, also über die Integralwerte der GAUSSschen Normalverteilung, zu prüfen ist.

Es ergibt sich demnach der Rechenwert

$$\lambda = 0{,}7289 \cdot \sqrt{98} = 7{,}215746,$$

der höher ist als der höchste angegebene Tabellenwert der Integralwerte der GAUSSschen Normalverteilung (11, Tab. II, S. 60), der bei einem

$$\lambda = 6{,}10941$$

einen Integralwert $100 \cdot \Phi(\lambda) = 99{,}9999999$ hat, also der äußerst hohen Grenzwahrscheinlichkeit von 99,9999999% entspricht. Der errechnete Rangkorrelations koeffizient $\varrho = 0{,}7289$ weicht damit „sehr gut statistisch gesichert“ von Null ab. Die Korrelationsrechnung weist demnach für die Salmon-Arm-Bestockung des Freienwalder Douglasien-Provenienzversuchs eine eindeutige Abhängigkeit zwischen soziologischer Baumklasse und Brusthöhendurchmesser nach. Schon allein auf Grund dieser Tatsache kann mit einer gewissen Berechtigung auf die Unabhängigkeit zwischen echter Formzahl und soziologischer Baumklasse geschlossen werden.

Abb. 9 zeigt die $\lambda_{0,9}$-Werte der Salmon-Arm-Bestockung in Abhängigkeit vom Brusthöhendurchmesser. Die Verteilung der soziologischen Baumklassen auf die Punktwolke ist durch besondere Zeichen kenntlich gemacht. Es kann angenommen werden, daß keine gesicherte Abhängigkeit zwischen den beiden Variablen der Abb. 9 besteht und die Werte der verschiedenen soziologischen Baumklassen in ihren betreffenden Durchmesserbereichen recht gleichmäßig verteilt um die denkbare Ausgleichsgerade streuen würden. Man ist also berechtigt, die $\lambda_{0,9}$-Werte der einzelnen soziologischen Baumklassen als Stichproben der Grundgesamtheit „echte Schaftholzformzahl in Freienwalde 171/3“ aufzufassen und mit Hilfe einer einfachen Streuungszerlegung zu prüfen, ob sich statistisch gesicherte Unterschiede der Mittelwerte der einzelnen Stichproben zum Versuchsdurchschnitt, zur Bestandesformzahl $\lambda_{0,9}$ ergeben. Dies ist rein varianzanalytisch betrachtet der Fall, wenn die Streuung der $\lambda_{0,9}$-Werte zwischen den soziologischen Baumklassen gesichert größer ist als innerhalb der Baumklassen.

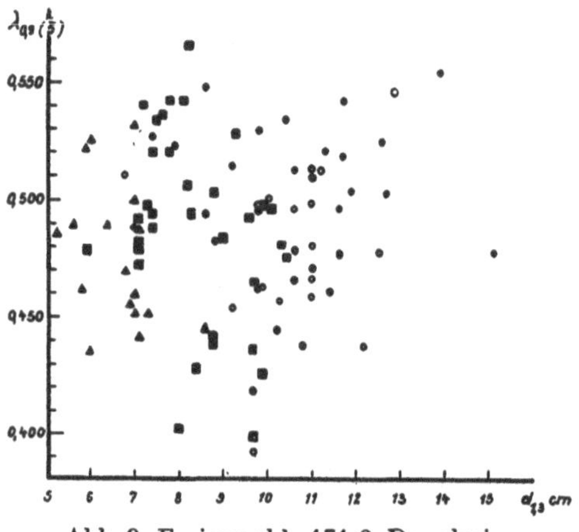

Abb. 9. Freienwalde 171/3. Douglasie, Herkunft Salmon Arm, $\lambda_{0,9}$ über $d_{1,3}$.
• = Baumklasse 1 ∘ = Baumklasse 2
■ = Baumklasse 3 ▲ = Baumklasse 4

Tabelle 2

Streuung	Summe der Quadrate	Freiheitsgrade	Durchschnittsquadrate
Zwischen den Versuchsgliedern . .	0,0027365	3	0,0009121666
Innerhalb der Versuchsglieder . .	0,1205745	95	0,001269205
Insgesamt	0,1233110	98	—

Die varianzanalytische Auswertung ergibt nach den Zahlenwerten der Tab. 2, daß der Durchschnittsquadratwert der Streuung zwischen den Versuchsgliedern kleiner als derjenige innerhalb der Versuchsglieder ist. Damit erübrigt sich der F-Test,

$$F = \frac{\text{Durchschnittsquadrat zwischen den Versuchsgliedern}}{\text{Durchschnittsquadrat innerhalb der Versuchsglieder}},$$

da der zu bildende Quotient einen Wert < 1 hätte und eine kleinere Varianz nicht „statistisch gesichert" größer als eine größere Varianz sein kann (45, S. 162). Die Varianzanalyse ergibt demnach eine Homogenität der Gruppierung der Versuchsglieder um den Versuchsdurchschnitt, es weicht keines der arithmetischen Mittel von $\lambda_{0,9}$ der einzelnen Baumklassen „statistisch gesichert" von der Bestandesformzahl $\lambda_{0,9}$ ab, im Rahmen ihres Fehlers sind sie sich alle gleich.

Trotz dieser eindeutigen Feststellung soll doch noch geprüft werden, ob nicht etwa 2 Baumklassen extremer $\lambda_{0,9}$-Mittelwerte „statistisch gesichert" voneinander abweichen. Dies kann einmal geschehen über den mittleren Fehler der Differenz des gesamten Versuchs mit anschließender Berechnung der sogenannten Grenzdifferenzen oder zum anderen über spezielle t-Teste.

Der mittlere Fehler der Differenz des gesamten Versuchs hat nach MUDRA (45, S. 61) für unser Beispiel den Wert

$$s_d = \pm \sqrt{\frac{2\, s_x^2}{n}} = \pm \sqrt{2 \cdot \frac{0{,}001\,269\,205}{24{,}195\,286}} = \pm\, 0{,}010242,$$

wobei für s_x^2 der Wert des Streuungsquadrates der Streuung innerhalb der Versuchsglieder genommen und n nach der Gleichung

$$n = \frac{1}{v-1}\left(Sn - \frac{Sn^2}{Sn}\right),$$

worin v die Zahl der Versuchsglieder (Baumklassen) bedeutet (5), errechnet wurde.

Über den mittleren Fehler der Differenz werden nunmehr als zahlenmäßiger Ausdruck der gesicherten Differenzen zwischen den einzelnen $\lambda_{0,9}$-Mittelwerten die *Grenzdifferenzen* GD gefunden.

$$GD = t \cdot s_d \, .$$

Für die Höhe des Wertes t ist in dieser Gleichung die Freiheitsgradzahl der Varianz innerhalb der Versuchsglieder maßgebend. Es ergeben sich somit bei 95 Freiheitsgraden abgestuft je nach der zugrundegelegten Überschreitungswahrscheinlichkeit von $P = 0{,}05$, $0{,}01$ oder $0{,}001$ für „gesicherte", „gut gesicherte" und „sehr gut gesicherte" Differenzen folgende Grenzdifferenzen:

$$GD_{0,05} = 1{,}98 \cdot 0{,}010242 = 0{,}02027916$$
$$GD_{0,01} = 2{,}63 \cdot 0{,}010242 = 0{,}02693646$$
$$GD_{0,001} = 3{,}39 \cdot 0{,}010242 \doteq 0{,}03472038$$

Die Differenzen der einzelnen $\lambda_{0,9}$-Baumklassenmittelwerte sind nun einfach mit diesen Grenzdifferenzen zu vergleichen, und alle die Differenzen sind signifikant, die größer sind als mindestens der Wert für die Grenzdifferenz für $P = 0{,}05$. Die höchstmögliche Formzahldifferenz unter den in Freienwalde 171/3 betrachteten 4 soziologischen Baumklassen besteht zwischen den Baumklassen 2 und 4, also zwischen den herrschenden Stämmen mit entweder guter Krone oder guter Stammform und den unterdrückten, aber noch lebensfähigen. Diese Differenz liegt aber mit 0,4925 – 0,4776 = 0,0149 noch klar unter der Grenzdifierenz für 5% Überschreitungswahrscheinlichkeit, so daß demnach keine Sicherung für diese Differenz und damit natürlich auch für alle anderen möglichen besteht. Auf diese Weise wird noch eindeutiger als durch die vorher durchgeführte Varianzanalyse mit nachfolgendem F-Test die sehr homogene Verteilung der echten Schaftholzformzahl auf die soziologischen Baumklassen dieses Douglasienstangenholzes zum Ausdruck gebracht.

Das bedeutet jedoch weiterhin, daß in diesem bisher undurchforsteten und äußerst stufig aufgebauten Bestand — der allerdings trotz dieser Inhomogenität nur eine eingipflige Durchmesserfrequenzkurve aufweist und damit als ein Kollektiv im statistischen Sinne zu betrachten ist — zur Bestimmung der echten Schaftholzformzahl $\lambda_{0,9}$ mit Hilfe liegender Probestämme das Durchforstungsmaterial nur einer bestimmten soziologischen Baumklasse ausgereicht hätte, daraus diesen Bestandesmittelwert repräsentativ zu bestimmen. Die meisten unserer Bestände sind jedoch gleichförmiger als dieser junge Douglasienbestand aufgebaut. Das daraus anfallende Durchforstungsmaterial dürfte demnach noch sicherer zur Herleitung der Bestandesformzahl $\lambda_{0,9}$ geeignet sein, selbst wenn es bei einer ausgesprochenen Niederdurchforstung nur aus beherrschten, höchstens mitherrschenden Baumklassen entstammt. Dagegen muß die Herleitung eines repräsentativen Bestandesformzahlwertes aus nur einer soziologischen Baumklasse eines Bestandes mit deutlicher Schichtung in der Bestandesstruktur, die das Vorliegen mindestens zweier, evtl. auch mehrerer miteinander verbundener Kollektive von Einzelbäumen in einem Bestand wahrscheinlich macht, von vornherein als fehlerhaft bezeichnet werden.

In diesem Zusammenhang sei noch einmal auf Abb. 7 hingewiesen, in der die entsprechende soziologische Baumklasse für die einzelnen $\lambda_{0,9}$-Werte kenntlich gemacht ist. Werden diese Werte in mehr oder weniger eng begrenzten Durchmesserklassen betrachtet, auf jeden Fall so, daß stets durchmesser- und höhenmäßig annähernd gleiche Stämme zu Vergleichszwecken zur Verfügung stehen, so fällt neben der durch das Vorliegen zweier Kollektive begründeten Abhängigkeit der $\lambda_{0,9}$ Werte von $d_{1,3}$ vor allem eine erhebliche Formzahldifferenzierung dieser jeweils gleich starken und gleich hohen Stämme gleicher soziologischer Baumklasse auf. Besonders kraß sind diese Unterschiede für die herrschenden Stämme im mittleren Durchmesserbereich — ungefähr zwischen 13 und 18 cm. Hier ist ein Gesamtschwankungsbereich der Formzahlwerte von 0,481 bis 0,577 zu verzeichnen, auf den die Einzelwerte jedoch nicht gleichmäßig, sondern — und das ist das Entscheidende — in zwei getrennte Gruppen aufgeteilt sind.

Ich erwähnte bereits auf Seite 31, daß die hier betrachteten Probestämme aus Finowtal 260 für waldwachstumskundliche Untersuchungen gefällt wurden, die die Erforschung der biologischen Entwicklung des Einzelstammes im Hinblick auf seinen Wachstumsgang zum Ziele haben.[4]) Es ist nun geradezu frappierend, wie die auf Grund anderer Ansprachemerkmale und Meßwerte herausgefundenen Einzelstämme mit gedämpfter Jugendentwicklung und nunmehr stetig ansteigender Zuwachsleistung ausnahmslos zu der oberen Gruppe der $\lambda_{0,9}$-Werte gehören, während die untere Gruppe alle Stämme dieses Bereiches mit raschem Jugendwachstum und jetzt nachlassender Leistung umfaßt.

Für die mitherrschenden Stämme im Durchmesserbereich von 11—14 cm gelten dieselben Feststellungen. Nur ist hier eine klare Trennung in 2 Formzahlgruppen nicht ersichtlich.

Im Hinblick auf meine Formzahluntersuchungen möchte ich aus diesen Ergebnissen folgern: Der Streubereich der echten Schaftholzformzahlwerte eines noch plastischen Bestockungsgefüges wird im Herrschenden erweitert durch die sehr unterschiedlichen Formen der entwicklungsmäßig mindestens in zwei Gruppen aufspaltbaren Einzelstämme mit langsamer Jugendentwicklung und hoher Gesamtleistung und mit schneller Jugendentwicklung und geringerer Gesamtleistung. Umfangreichere Untersuchungen müßten noch beweisen, ob statistisch gesicherte Unterschiede in der Formzahl dieser beiden Entwicklungstypen vorkommen. Die ebenfalls anzunehmende, bei den Probestämmen aus Finowtal 260 nicht vorhandene Erweiterung des Streurahmens der $\lambda_{0,9}$-Werte dürfte in solchen und auch älteren und damit weniger plastischen Bestockungen im Durchmesserbereich der mitherrschenden Stämme dagegen nur zum geringeren Teil auf derartige Unterschiede der beiden Entwicklungstypen zurückzuführen sein. Für Vertreter aus dieser mitherrschenden Schicht, also aus einer ausgesprochenen Kampfzone, in der über den möglichen Durchbruch ins Herrschende oder über das endgültige Zurückfallen ins Beherrschte entschieden wird, dürfte die Ansicht WIEDEMANNs über die Ursachen der Schaftformbestimmung am ehesten zutreffen: Für die zurückbleibenden Stämme gibt für die Ausbildung der Schaftform der Drang zum Licht den Ausschlag (67, S. 27ff.).

231.3 *Möglichkeiten der Anwendung von $\lambda_{0,9}$ zur mathematisch-statistischen Sicherung von Formigkeits- und Massenunterschieden von Waldbeständen*

Unter 231.212 wurde gezeigt, daß als Ursache für die in einem Waldbestand selten bestehende Abhängigkeit zwischen $\lambda_{0,9}$ und $d_{1,3}$ das Vorhandensein zweier oder mehrerer Baumkollektive in diesem Bestande angenommen werden kann.

Ordnet man sämtliche in einem solchen Bestande gewonnenen $\lambda_{0,9}$-Werte nach diesen Kollektiven, so wird sich kollektivweise wieder die bekannte Unabhängigkeit zwischen echter Schaftholzformzahl und Brusthöhendurchmesser ergeben.

---

[4]) Die Ergebnisse dieser Untersuchungen wurden während der Drucklegung vorliegender Arbeit im Archiv für Forstwesen 1957, 6, 361—420 von Prof. Dr. W. ERTELD und Dr. G. KRÄUTER veröffentlicht.

Man wird dann wiederum für diese einzelnen Kollektive mathematisch-statistisch korrekt die Einzelformzahlwerte zu Mittelwerten mitteln dürfen und z. B. überprüfen können, ob die unterwüchsigen Buchen eines mehr zweietagigen Buchen-Hochdurchforstungsbestandes in der Form signifikant den herrschenden Buchen unterlegen sind. In gleichförmigeren Beständen mit eingipfligen Durchmesserfrequenzkurven dagegen ist die Unabhängigkeit zwischen $\lambda_{0,9}$ und $d_{1,3}$ von vornherein so gut wie sicher, so daß die echten Formzahlen derartiger Bestände als echte statistische Kollektive sich vorzüglich zu einer mathematisch-statistischen Bearbeitung eignen. Das ist sehr bedeutungsvoll; denn es wird uns dadurch die Möglichkeit gegeben, eine ganze Reihe von ertragskundlichen, waldbaulichen, forstpflanzenzüchterischen und auch anderen Fragen eindeutig zu beantworten.
Aus der Fülle der Möglichkeiten einer mathematisch-statistischen Auswertung von Formigkeitsunterschieden bestimmter Waldbestände wähle ich nunmehr zwei Beispiele, die auf Grund anderer Untersuchungen bereits in der entsprechenden fachwissenschaftlichen Literatur erwähnt sind und für die die Untersuchung der Formigkeitsunterschiede von nicht geringerem Interesse sein dürfte. Es handelt sich dabei um 3 langfristige Versuchsflächenreihen der Abteilung Ertragskunde, nämlich einmal um die beiden Harzer Fichten-Durchforstungsflächenreihen Benneckenstein 62/65 und Güntersberge 120 und zum anderen um den bekannten Kiefern-Provenienzversuch Chorin 85.

231.31 Die Formigkeitsunterschiede der Harzer Fichtendurchforstungs-Versuchsflächenreihen Benneckenstein 62/65 und Güntersberge 120

Die beiden Harzer Versuchsflächenreihen hat HILDEBRANDT (15) gewichtsertragskundlich untersucht und gefunden, daß die Fichtenbestände der Hochharzlage Benneckenstein 62/65 erheblich höhere Raumdichtezahlen als diejenigen der Mittelharzlage in Güntersberge 120 aufweisen, wobei die Unterschiede „statistisch gesichert“ sind (S. 71). HILDEBRANDT konnte weiterhin „statistisch gesicherte“ Raumdichteunterschiede zwischen den extrem unterschiedlichen Durchforstungsgraden dieser Flächenreihen nachweisen, und zwar zwischen der stark in den Bestand eingreifenden „Schiffeldurchforstung“ einerseits und der mäßigen bzw. schwachen Durchforstung auf der anderen Seite. Er schreibt abschließend zu diesen Untersuchungen der Bestandesraumdichtewerte (S. 72): „Das gewonnene sichere Urteil über die durch verschiedene Durchforstungsart hervorgerufenen Unterschiede der Bestandesraumdichtezahlen hat gewichtsertragskundlich eine nicht geringe Bedeutung. Die Zuordnung höherer Raumdichten zu den mäßig durchforsteten Beständen muß naturgemäß einen Einfluß auf die Erträge reiner Holzsubstanz haben.“ Ist nun zusätzlich noch der Nachweis zu erbringen, daß die mäßig durchforsteten Bestände „statistisch gesichert“ vollformiger als die stark durchforsteten sind, so dürften über die Überlegenheit dieses Durchforstungsgrades keine Zweifel mehr bestehen. Ich fand es daher besonders reizvoll, gerade diese beiden Fichten-Durchforstungsflächenreihen auf ihre Form hin näher zu untersuchen. Am Beispiele der Schiffeldurchforstungsfläche Güntersberge 120 III habe ich eindeutig nachgewiesen, daß keine Beziehungen zwischen $\lambda_{0,9}$ und $d_{1,3}$ bestehen (siehe Seite 30). Für die anderen Günters-

Übersicht 1

Einzelfläche	Alter Jahre	Ertragsklasse	Bestandesformzahl $\lambda_{0,9}$	$s_{\lambda 0,9}$	$s_{\lambda 0,9}\%$	$s_{\bar{\lambda} 0,9}$	$s_{\bar{\lambda} 0,9}\%$	$s_{\bar{\lambda} 0,9} \cdot t = s_{\bar{\lambda} 0,9} \cdot 2{,}09$	$s_{\bar{\lambda} 0,9}\% \cdot t = s_{\bar{\lambda} 0,9}\% \cdot 2{,}09$
1	2	3	4	5	6	7	8	9	10
Benneckenstein 62/65 I — Schiffeldurchforstung .	88	IV.	0,5442	0,0231	4,24	0,0052	0,96	0,0109	2,00
Benneckenstein 62/65 III — mäßige Durchforstung	90	IV.	0,5528	0,0229	4,14	0,0051	0,92	0,0107	1,94
Güntersberge 120 III — Schiffeldurchforstung .	83	I./II.	0,5403	0,0230	4,26	0,0051	0,94	0,0107	1,98
Güntersberge 120 II — mäßige Durchforstung .	83	II.	0,5547	0,0306	5,52	0,0068	1,23	0,0142	2,56

berger und alle Benneckensteiner Flächen führte ich diesen exakten Beweis mit Hilfe der Korrelationsrechnung nicht, weil mir nach den graphischen Darstellungen der $\lambda_{0,9}$-Werte über $d_{1,3}$ für sämtliche Einzelflächen ein solcher rechnerischer Beweis überflüssig erscheint. Die Unabhängigkeit beider Werte ist in jedem Falle offensichtlich und die folgende statistische Bearbeitung des Materials daher gerechtfertigt. Ich bediene mich der von HILDEBRANDT bei seinen gewichtsertragskundlichen Untersuchungen angewandten Methodik der statistischen Auswertung, um völlig vergleichsfähige statistische Werte zu bekommen.

Leider konnte ich nicht — wie HILDEBRANDT bei der Untersuchung der Bestandesraumdichte — für die beiden Flächenreihen die echten Bestandesformzahlwerte für 3 verschiedene Durchforstungsgrade miteinander vergleichen, sondern jeweils nur die Schiffeldurchforstung der mäßigen Durchforstung gegenüberstellen, da von den beiden schwach durchforsteten Flächen nur noch die Benneckensteiner in Struktur und Grundflächenhaltung dem A-Grad entspricht und außerdem von beiden Flächen zu wenig Aushiebsstämme als Probestämme zur Verfügung standen. Für jede Einzelfläche wählte ich die konstante Zahl von 20 $\lambda_{0,9}$-Werten aus dem Durchmesserbereich zwischen den HOHENADLschen Mttelstämmen, um auch eine doppelte Streuungszerlegung durchführen zu können.

In Übersicht 1 sind nun zunächst die wichtigsten statistischen Kennwerte der 4 Einzelflächen angegeben. Zu diesen Kennwerten ist zunächst im einzelnen zu sagen, daß die bei Güntersberge 120 III gegenüber den Angaben auf Seite 30 auftretenden geringfügigen Differenzen, die aber sämtlich im Fehlerbereich liegen, einfach darauf zurückzuführen sind, daß auf Seite 30 sämtliche $\lambda_{0,9}$-Werte des Durchforstungsanfalles in die Rechnung eingingen, in Übersicht 1 jedoch nur 20 objektiv ausgewählte Werte aus dem Bereich d_-/d_+. Die Entnahme des Untersuchungsmaterials aus diesem begrenzten Bereich ist weiterhin sicherlich mit von Bedeutung dafür gewesen, daß bei diesen an und für sich schon sehr homogenen Fichtenbeständen sich sehr gleichmäßige Streu- und Fehlerwerte errechnen ließen und vor allem sehr hohe Genauigkeiten zustandekamen, die nur in einem Fall mit 2,56% die 2%-Grenze überschreiten.

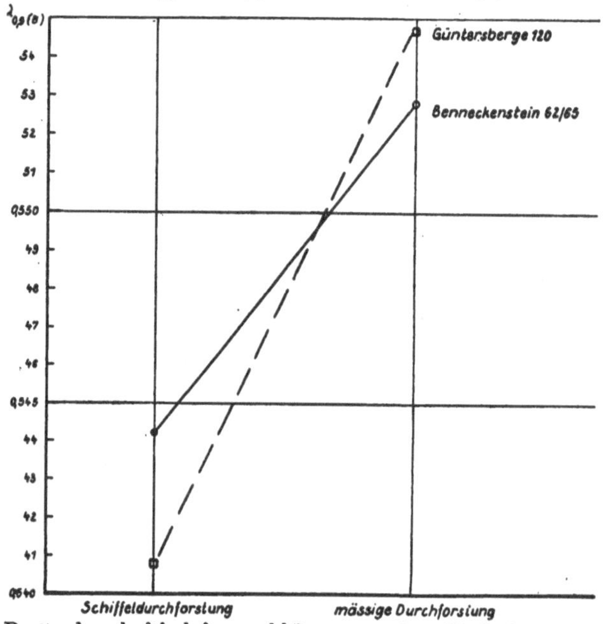

Abb. 10. Die Bestandesschaftholzformzahl $\lambda_{0,9}$ unter dem Einfluß extrem unterschiedlicher Durchforstungsgrade.

Auf jeden Fall ist dadurch die Möglichkeit gegeben, die in obiger Übersicht 1 ersichtlichen Formzahldifferenzen mit größerer Sicherheit zu testen als dies HILDEBRANDT für die Differenzen der Bestandesraumdichten der gleichen Bestände möglich war. Die 4 Bestandesformzahlwerte $\lambda_{0,9}$ lassen — wie auch aus der graphischen Darstellung, Abb. 10, hervorgeht — nur in der Behandlungsart deutlichere Unterschiede erkennen, während Unterschiede zwischen den beiden verschiedenen Standorten bei gleicher waldbaulicher Behandlung nicht vorzuliegen scheinen. Die aus Abb. 10 visuell wahrnehmbaren Unterschiede zwischen den beiden extrem gegensätzlichen Behandlungsarten sind jedoch nicht beweiskräftig für eine „statistisch gesicherte" Existenz, zumal sich die Gesamtstreubereiche der Einzelflächen nach Abb. 11 sehr stark überschneiden.

Ob statistisch signifikante Unterschiede zwischen den Einzelflächen vorliegen oder ob das gesamte in die Untersuchung einbezogene Material als homogen im statistischen Sinne anzusehen ist, soll nun mit Hilfe der Varianzanalyse untersucht werden. Die Voraussetzungen für eine derartige Rechenoperation sind durchaus gegeben; denn

die Einzel-$\lambda_{0,9}$-Werte eines jeden zur Untersuchung kommenden Bestandes können als Stichprobe aus einer normalen Grundgesamtheit mit der Streuung σ^2 angesehen werden (siehe hierzu die Untersuchungen unter 231.211),

die Streuung σ^2 kann in jeder dieser Grundgesamtheiten als annähernd gleich angesehen werden (siehe Übersicht 1) und

die einzelnen Beobachtungen in den Beständen sind voneinander stochastisch unabhängig, mit anderen Worten, es besteht keine Abhängigkeit zwischen $\lambda_{0,9}$ und dem Brusthöhendurchmesser, der Höhe, der soziologischen Baumklasse usw.

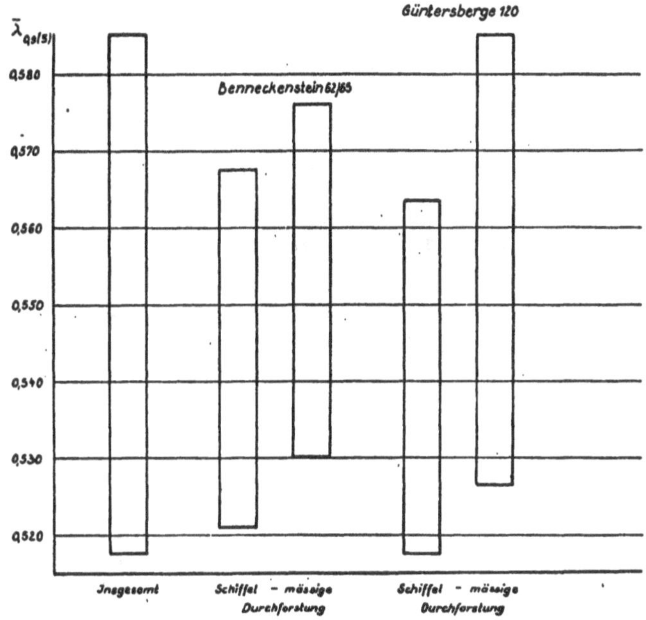

Abb. 11. $\lambda_{0,9}$-Streubereiche der 4 untersuchten Harzer Fichtenbestände.

Als ein weiterer Beweis für die Unabhängigkeit der Einzelbeobachtungen eines Bestandes untereinander und die Gleichheit von σ^2 der 4 Grundgesamtheiten kann das Graphikon der Abb. 12 dienen.

Mit Hilfe einer einfachen Streuungszerlegung untersuchen wir nun zunächst, ob sich die sogenannte *Nullhypothese* als richtig erweist, nach der im vorliegenden Falle angenommen wird, daß alle 4 Bestandesformzahlen nicht signifikant vom Gesamtdurchschnitt abweichen. Dies ist varianzanalytisch gesehen der Fall, wenn die zu berechnende Varianz zwischen den Beständen nicht signifikant von derjenigen innerhalb der Bestände abweicht.

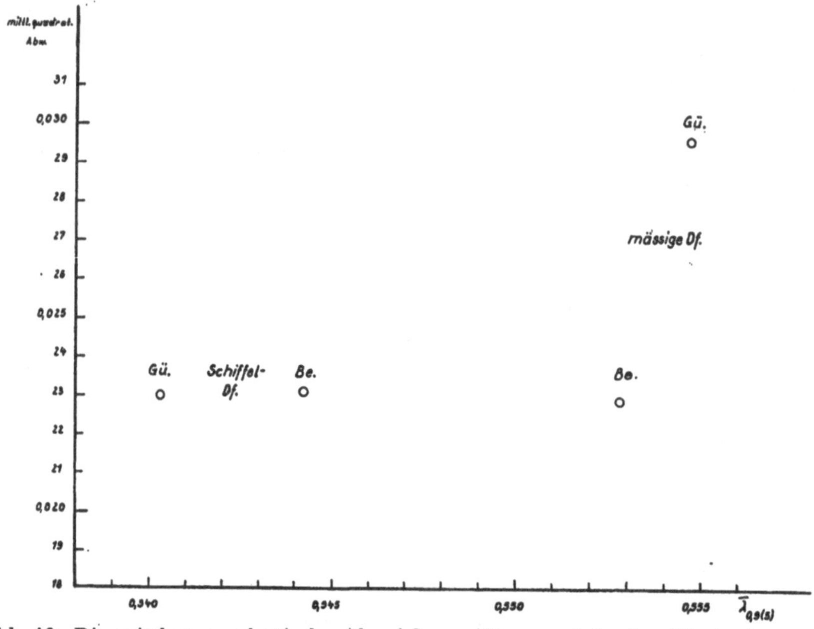

Abb. 12. Die mittlere quadratische Abweichung (Streuung) der $\lambda_{0,9}$-Werte der untersuchten 4 Harzer Fichtenbestände in Abhängigkeit von der Bestandesschaftholzformzahl $\lambda_{0,9}$.

Nach dem von HILDEBRANDT (15, S. 68ff.) in Anlehnung an LINDER (39, S. 123ff.) verwandten Rechenschema errechnen wir die Zahlenwerte folgender Varianztabelle:

Tabelle 3

	Freiheitsgrade nf	Varianz	Streuung σ^2
Zwischen den Beständen	3	0,00285	0,00095
Innerhalb der Bestände	76	0,047972	0,0006312105
Total	79	0,050822	—

Für den F-Test ergibt sich demnach:

$$F = \frac{\text{Streuung „Zwischen den Beständen"}}{\text{Streuung „Innerhalb der Bestände"}} = \frac{0{,}00095}{0{,}0006312105} = 1{,}505,$$

wobei $nf_1 = 3$ und $nf_2 = 76$.

Für $P = 0{,}05$ erhalten wir in der LINDERschen Tafel IV (39, S. 226) für

	$n_1 = 3$
$n_2 = 60$	2,758
$n_2 = 120$	2,680

Der Wert F = 1,505 liegt demnach unterhalb des Sicherheitspunktes. Der Unterschied zwischen den beiden Streuungen „Zwischen" und „Innerhalb der Bestände" ist bloß zufällig. Die Nullhypothese ist richtig. Keiner der Bestandesformzahlwerte weicht nach dieser einfachen Streuungszerlegung vom Gesamtdurchschnitt ab.

Mit diesem an sich eindeutigen Ergebnis ist jedoch noch nichts darüber ausgesagt, ob nicht doch zwischen zwei extrem unterschiedlichen Bestandesformzahlen signifikante Unterschiede bestehen. Diese Prüfung könnte hier wieder unmittelbar über t-Teste durchgeführt werden. Sie wird jedoch diesmal auf eine andere Weise, nämlich über eine doppelte Streuungszerlegung vorgenommen, um gleichzeitig zu sehen, welche Unterschiede — diejenigen zwischen den beiden Durchforstungsgraden oder diejenigen zwischen den beiden Standorten — am meisten wirken und wie sich die beiden Faktoren wechselseitig beeinflussen.

Für die doppelte Streuungszerlegung sind sogenannte Teilvarianzen und die Zwischenvarianz zu errechnen. Es werden dazu alle x-Werte eines Standorts mit x_{St} und alle x-Werte eines Durchforstungsgrades mit x_{Df} bezeichnet, so daß sich ergibt:

$$\text{Varianz (Df)} = \frac{\Sigma(\Sigma x_{Df})^2}{N_B \cdot N_{St}} - \frac{(\Sigma x)^2_{1-80}}{N}$$

$$\text{Varianz (St)} = \frac{\Sigma(\Sigma x_{St})^2}{N_B \cdot N_{Df}} - \frac{(\Sigma x)^2_{1-80}}{N}$$

Varianz (Df/St) = Varianz zwischen den Beständen
— [Varianz (Df) + Varianz (St)]

$$\text{Varianz (Df)} = \frac{21{,}689^2 + 22{,}151^2}{20 \cdot 2} - 24{,}02432 = 0{,}002668$$

$$\text{Varianz (St)} = \frac{21{,}940^2 + 21{,}940^2}{20 \cdot 2} - 24{,}02432 = 0{,}00002$$

Varianz (Df/St) = 0,00285 — (0,002668 + 0,00002) = 0,000162

Die Varianztabelle (Tab. 3) kann demnach folgendermaßen erweitert werden:

Tabelle 4

	Freiheitsgrade	Varianz
Df	1	0,002668
St	1	0,00002
zus.	2	0,002688
zw. d. Best.	3	0,00285
Unterschied	1	0,000162

Die Varianz „Unterschied“ in der erweiterten Varianztabelle ist also identisch mit der Varianz (Df/St), die von MUDRA (45, S. 125) auch mit Varianz WW (= Wechselwirkung) bezeichnet wird. Sie ist hier ein Ausdruck für die vorliegende Wechselwirkung von Durchforstungsgrad und Standort. Nach den Bestandesformzahlwerten der Übersicht 1 und Abb. 10 scheint die Stärke des Durchforstungseingriffes auf beiden Standorten diese mittleren $\lambda_{0,9}$-Werte in gleicher Weise beeinflußt zu haben. Täuscht dieser visuelle Eindruck nicht, so müßte ein aus der Streuung der Wechselwirkung und der mit der Streuung innerhalb der Bestände identischen sogenannten Reststreuung sich ergebendes F der F-Verteilung folgen, d. h., die beiden σ^2-Werte dürfen nicht signifikant voneinander abweichen.

In nochmaliger Erweiterung der Varianztabelle ergibt sich

Tabelle 5

	Freiheitsgrade	Varianz	Streuung
Df	1	0,002668	0,002668
St	1	0,00002	0,00002
Df/St . . .	1	0,000162	0,000162
Rest . . .	76	0,047972	0,0006312105
Insgesamt	79	0,050822	—

und somit ein

$$F = \frac{\text{Streuung Df/St}}{\text{Streuung Rest}} = \frac{0{,}000162}{0{,}0006312105}.$$

Die Streuung der Wechselwirkung ist demnach kleiner als die Reststreuung, womit sich der F-Test erübrigt; denn eine kleinere Streuung kann natürlich nicht gesichert größer sein als eine größere (45, S. 162). Es ist also in der Tat zutreffend, daß der Durchforstungsgrad die Bestandesformzahl auf beiden Standorten gleichermaßen beeinflußt, die Wirkung der Faktoren Durchforstungsgrad und Standorte ist additiv.

Unter diesen Umständen kann eine neue Reststreuung gebildet werden

Tabelle 6

	Freiheitsgrade	Varianz	Streuung
Df/St. . .	1	0,000162	—
Rest . . .	76	0,047972	—
zusammen	77	0,048134	0,0006251168

und der Einfluß von Durchforstungsgrad und Standort getrennt geprüft werden.

Ersteren Einfluß prüfen wir mittels

$$F = \frac{0{,}002668}{0{,}0006251168} = 4{,}268002,$$

welcher Wert bei $n_1 = 1$, $n_2 = 60$ und $n_2 = 120$ mit $F_{0,05} = 4{,}001$ bzw. 3,946 zu vergleichen ist (39, S. 226), den Einfluß des Standorts mittels

$$F = \frac{0{,}00002}{0{,}0006251168}.$$

Nach der zweifachen Streuungszerlegung ergibt sich demnach im Rahmen einer 5%igen Überschreitungswahrscheinlichkeit ein signifikanter Einfluß des Durchforstungsgrades auf die Bestandesformzahl $\lambda_{0,9}$, da der berechnete F-Wert denjenigen der F-Verteilung leicht überschreitet. Ein Einfluß des unterschiedlichen Standorts dieser Harzer Fichtenflächen auf die Formzahl ist dagegen nicht vorhanden. Hier erübrigt sich sogar der F-Test, da sich für F wieder ein Quotient < 1 errechnen würde.

Im Gegensatz zur einfachen Streuungszerlegung hat also die doppelte durch weitgehendere Analyse der die Streuung beeinflussenden Faktoren eine bestehende Inhomogenität der Bestandesformzahlwerte gezeigt, die durch den unterschiedlichen Durchforstungsgrad hervorgerufen wird. Es bleibt nun noch zu prüfen, wie hoch die Sicherheit der Formzahlunterschiede zwischen den beiden verschiedenen Durchforstungsgraden ist.

Diese Prüfung erfolgt mit Hilfe eines t-Testes — ebenfalls wieder nach LINDER (39, S. 128) —

$$t = \frac{\bar{x}_1 - \bar{x}_2}{s_x \cdot \sqrt{2}} \cdot \sqrt{N},$$

worin $\bar{x}_1$ = das arithmetische Mittel sämtlicher $\lambda_{0,9}$-Werte der beiden mäßig durchforsteten, $\bar{x}_2$ = das arithmetische Mittel sämtlicher $\lambda_{0,9}$-Werte der beiden stark durchforsteten „Schiffelflächen" und N die Zahl der Einzelwerte eines Durchforstungsgrades bedeuten. s_x wird im vorliegenden Falle aus $s_x^2 = 0{,}0006251168$, also aus dem untersten Streuungswert der Tab. 6 mit 0,0250023 berechnet. Es ergibt sich demnach

$$t = \frac{0{,}5538 - 0{,}5422}{0{,}0250023 \cdot \sqrt{2}} \cdot \sqrt{40} = 2{,}075.$$

In der Tafel von t (39, S. 225) finden wir bei der hier in Frage kommenden Freiheitsgradzahl n = 77 bei P = 0,05 einen Wert von t = 1,994 für n = 70 und t = 1,990 für n = 80.

Die Unterschiede in der echten Bestandesschaftholzformzahl zwischen mäßiger und Schiffeldurchforstung sind demnach bei Zugrundelegung einer Überschreitungswahrscheinlichkeit von P = 5% signifikant. Nach der MUDRAschen

Tabelle „P-Werte in %“ (45, S. 171) läßt sich für t = 2,075 und 77 Freiheitsgrade ein P von ≈ 4% interpolieren, so daß also von jeweils 100 Formzahldifferenzen zwischen mäßiger und Schiffeldurchforschung 96 als gesichert und nur 4 als zufällig entstanden zu betrachten sind.

Nach der mathematisch-statistischen Prüfung der vorgefundenen Formzahlunterschiede zwischen den untersuchten Beständen kann — gleichzeitig im Vergleich zu den HILDEBRANDTschen Untersuchungsergebnissen über die Raumdichteunterschiede — folgende begründete Aussage gemacht werden: Im Gegensatz zur Bestandesraumdichte weisen die um 2 Ertragsklassen geringeren Benneckensteiner Fichtenbestände des Hochharzes keine Formzahlunterschiede gegenüber denjenigen der Mittelharzlage Güntersberge auf. Die stark durchforsteten Schiffelflächen dagegen sind in völliger Analogie zur Bestandesraumdichte den im engen Schluß erwachsenen mäßig durchforsteten Beständen beider Flächenreihen in der Formzahlhaltung „statistisch gesichert“ unterlegen. Die Unterlegenheit in der Formzahl ist nicht so kraß wie in der Bestandesraumdichte.

Die Untersuchungsergebnise beweisen, daß dichtgehaltene Fichtenbestände im Harz substanzreicheres schwereres Holz bei größerer Vollformigkeit erzeugen und damit in Masse, Güte und Wert den stark durchforsteten und gelichteten Beständen überlegen sind. Sie decken sich bezüglich der Formigkeit völlig mit den Angaben MITSCHERLICHs (43, S. 392), der fand, daß bei gleichem Brusthöhendurchmesser die Stämme der Fichten-Schnellwuchsflächen wesentlich abholziger als diejenigen der mäßig durchforsteten Vergleichsflächen sind und daher eine viel niedrigere Formzahl haben. Er schreibt dazu: „Bei diesen Unterschieden sind zur Massen- und Zuwachserrechnung der Bestände getrennte Formzahlkurven erforderlich. Bei Verwendung einer einheitlichen Formzahlkurve würde das Ergebnis für die Schnellwuchsflächen viel zu günstig ausfallen.“ FLURY (10) und ERNST (7) dagegen kamen bei der Untersuchung des Einflusses verschiedener Durchforstungsgrade auf die Bestandesformigkeit zu anderen Ergebnissen. So wird nach FLURY die Schaftformzahl von Fichten- und Buchenbeständen durch die Durchforstung nicht, in einzelnen herausgegriffenen Stärkeklassen kaum merkbar verändert. Es war lediglich „ein etwelches Sinken von Grad A gegen Grad D hin erkennbar“, also ein nur leichtes Fallen der Formzahl mit zunehmender Durchforstungsstärke. ERNST fand sogar, daß die unechten Schaftholzformzahlen von oberbayrischen Fichtenbeständen bester Ertragsklasse bei stärkerem Durchforstungsgrad höher als bei niedrigerem waren. Nach seinen weiteren Untersuchungsergebnissen (7, S. 458) gliedern sich die unechten Brusthöhenderbholzformzahlen eines Bestandes so, daß die Formzahlmittelwerte der soziologischen Baumklassen für einen bestimmten Durchmesserbereich innerhalb der gesamten Durchmesserfrequenz von den vorherrschenden bis zu den unterdrückten Stämmen abnehmen.

Die Formzahlüberlegenheit der starken Durchforstung würde ich demnach auf die dabei erfolgende Entnahme der geringeren Baumklassen mit niedrigeren

Formzahlen zurückführen. ERNST kommt zu der Schlußfolgerung, daß die Formzahl weniger von der Durchforstung als vielmehr von Wuchsgebiet, Ertragsklasse, Höhen- und vor allem Baumklasse abhängig sei und fordert eine baumklassenweise Ermittlung der unechten Derbholzformzahl. Meines Erachtens bleibt es fraglich, ob als Gründe für das Abweichen der FLURYschen und ERNSTschen Ergebnisse von den norddeutschen MITSCHERLICHs und denjenigen der von mir untersuchten Harzfichtenflächen wuchsgebietsweise Unterschiede angenommen werden können.

231.32 Die Formigkeitsunterschiede im Kiefernprovenienzversuch Chorin 85

Die bisherigen Ergebnisse dieser Flächenreihe des auf Anregung des Internationalen Verbandes Forstlicher Versuchanstalten 1907 angelegten Großversuchs wurden 1930 von WIEDEMANN (63) und 1950 von ERTELD (8) umfassend dargestellt. Hier soll als zweites Beispiel gezeigt werden, wie über $\lambda_{0,9}$ Formigkeits- und damit auch Massenunterschiede auf Sicherheit getestet und statistisch begründete Aussagen über Massen- und Wertleistungen gemacht werden können. Der zur Zeit der Formzahlermittlung für diese Untersuchung 48jährige Versuch enthält 8 verschiedene Kiefernprovenienzen, die jeweils auf der einen Hälfte der Fläche mäßig niederdurchforstet, auf der anderen „qualitätsdurchforstet" sind. Es wäre nun besonders reizvoll gewesen, sowohl den Einfluß der Provenienz als auch denjenigen der Durchforstungsart, der rein visuell besonders bei den Provenienzen minderer Qualität in qualitativer Hinsicht augenfällig ist, auf die Bestandesformzahl $\lambda_{0,9}$ zu unter-

Übersicht 2

Provenienz	Zahl der gemessenen Werte	Bestandesformzahl $\lambda_{0,9}$	$s_{\lambda_{0,9}}$	$s_{\lambda_{0,9}}$ %	$s_{\bar{\lambda}_{0,9}}$	$s_{\bar{\lambda}_{0,9}}$ %	$s_{\bar{\lambda}_{0,9}} \cdot t_{0,05}$	$s_{\bar{\lambda}_{0,9}}$ % $\cdot t_{0,05}$
1	2	3	4	5	6	7	8	9
I Schottland	34	0,4675	0,0352	7,53	0,0060	1,28	0,0122	2,60
II Südfrankreich	27	0,4791	0,0402	8,39	0,0077	1,61	0,0158	3,30
III Ostpreußen	34	0,4988	0,0316	6,34	0,0054	1,08	0,0110	2,19
IV Belgien.	32	0,4893	0,0408	8,34	0,0072	1,47	0,0147	3,00
V Rheinpfalz	28	0,4644	0,0396	8,53	0,0075	1,61	0,0154	3,30
VI Kurland	45	0,4864	0,0290	5,96	0,0043	0,88	0,0086	1,77
VII Brandenburg	36	0,4768	0,0295	6,19	0,0049	1,03	0,0099	2,09

suchen. Da jedoch bei den mäßig durchforsteten Flächenteilen ausschließlich schwache unterdrückte Stämme anfielen, die — wie bereits angegeben wurde — zu einer etwas niedrigeren Formzahlhaltung neigen, wurden sämtliche Formzahlwerte einer jeden Provenienz ungeachtet der Durchforstungsart und auch über den d_-/d_+-Bereich hinaus zur Auswertung herangezogen.

Die wichtigsten statistischen Kennwerte der 7 untersuchten Provenienzen — die 8. Herkunft aus Perm/Ostrußland mußte weggelassen werden, weil dafür nur

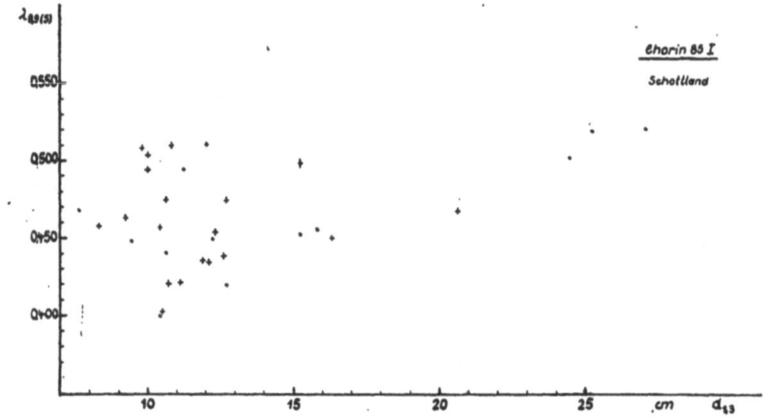

Abb. 13. Chorin 85 I, Schottische Kiefer. $\lambda_{0,9}$ über $d_{1,3}$.
· = Unterfläche Ia („Qualitätsdurchforstung")
+ = Unterfläche (Ib mäß. Niederdurchforstung)

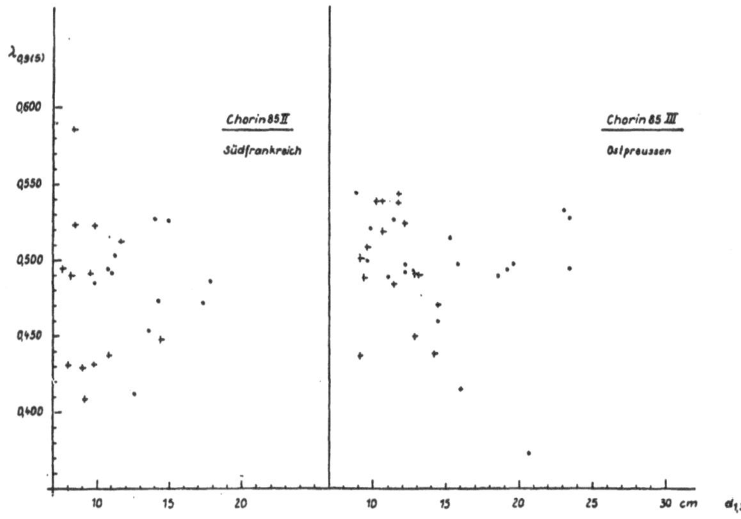

Abb. 14. Chorin 85 II und III, Südfranzösische und Ostpreußische Kiefer. $\lambda_{0,9}$ über $d_{1,3}$.
· = Unterflächen IIa bzw. IIIa („Qualitätsdurchforstung")
+ = Unterflächen IIb bzw. IIIb (mäß. Niederdurchforstung)

3 Formzahlwerte angefallen sind – sind wie für die Harzer Fichtenflächen in Übersicht 2 dargestellt.

Die Bestandesformzahlwerte $\lambda_{0,9}$ sind hier wesentlich heterogener als diejenigen der Harzfichtenflächen, so daß von vornherein mit gesicherten Unterschieden zu rechnen ist. Die wesentlich höher liegenden Streuwerte um das arithmetische Bestandesmittel, den demgemäß größeren Fehler und die geringere Genauigkeit desselben möchte ich auf die noch vorhandene größere Plastizität im gesamten

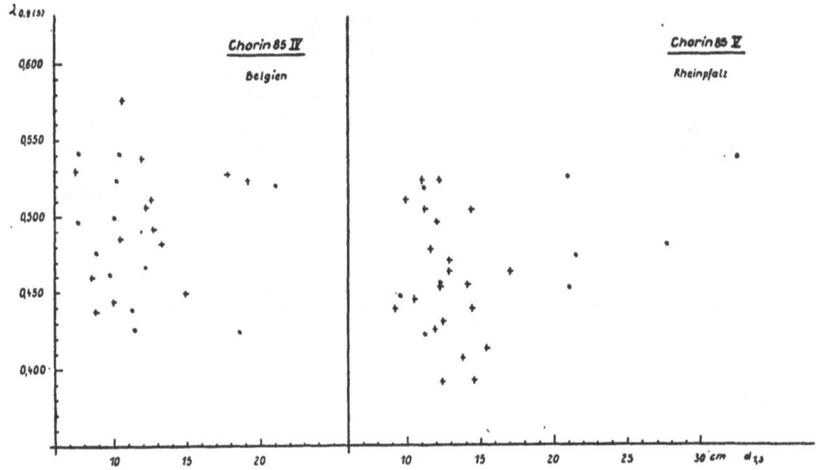

Abb. 15. Chorin 85 IV und V, Belgische und Rheinpfälzer Kiefer. $\lambda_{0,9}$ über $d_{1,3}$.
· = Unterflächen IVa bzw. Va („Qualitätsdurchforstung")
+ = Unterflächen IVb bzw. Vb (mäß. Niederdurchforstung)

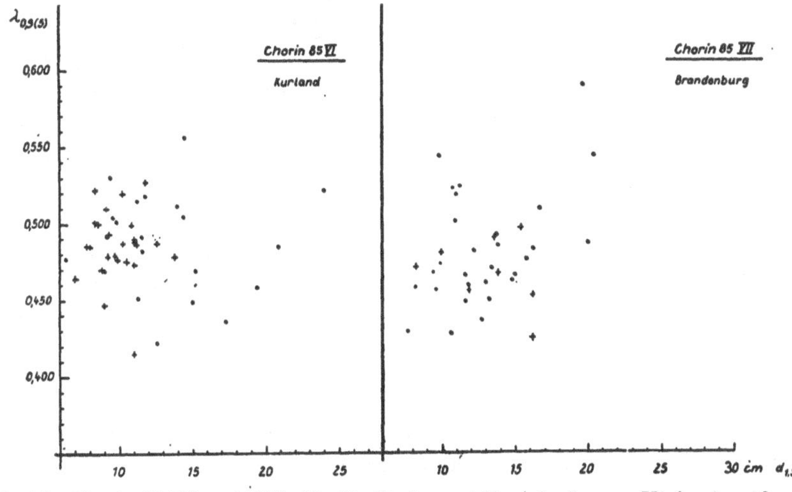

Abb. 16. Chorin 85 VI und VII, Kurländische und Brandenburger Kiefer. $\lambda_{0,9}$ über $d_{1,3}$.
· = Unterflächen VIa und VIIa („Qualitätsdurchforstung")
+ = Unterflächen VIb und VIIb (mäß. Niederdurchforstung)

Bestandesgefüge dieses ausgehenden Stangenholzes zurückführen. Mit Hilfe einer einfachen Streuungszerlegung untersuchen wir nun wiederum, ob statistisch gesicherte Abweichungen einzelner Bestandesformzahlwerte vom Durchschnitt der gesamten Flächenreihe — $\lambda_{0,9} = 0{,}4809$ — vorliegen und damit zwischen den Provenienzen signifikante Formzahlunterschiede vorhanden sind.
Wir erhalten folgende Varianztabelle:

Tabelle 7

	Freiheitsgrade nf	Varianz	Streuung σ^2
Zwischen den Beständen	6	0,028929	0,0048215
Innerhalb der Bestände	229	0,277121	0,0012101353
Total	235	0,306050	0,0013023404

und für das Verhältnis

$$F = \frac{\text{Streuung „Zwischen den Beständen"}}{\text{Streuung „Innerhalb der Bestände"}} = \frac{0{,}0048215}{0{,}0012101353} = 3{,}984,$$

wobei $nf_1 = 6$ und $nf_2 = 229$.
In Tafel IV (39, S. 226–228) erhalten wir für P = 0,01 für

	$n_1 = 6$
$n_2 = 120$	2,956
$n_2 = \infty$	2,802

und für P = 0,001 für

	$n_1 = 6$
$n_2 = 120$	4,041
$n_2 = \infty$	3.743.

F = 3,984 liegt demnach klar **oberhalb** des Sicherheitspunktes von P = 0,01, sicherlich auch noch **oberhalb** desjenigen von P = 0,001, so daß die Abweichungen einzelner Bestandesformzahlen vom Versuchsdurchschnitt mindestens „gut gesichert", evtl. „sehr gut gesichert" sein müssen.
Über die Grenzdifferenzen $GD_{i\%}$, die wir als Produkt aus durchschnittlichem mittleren Fehler der Differenz, s_d, mal t-Wert berechnen, testen wir nun noch im einzelnen die Formzahlunterschiede zwischen bestimmten Provenienzen.

$$s_d = \pm \sqrt{\frac{2\, s_x^2}{n}} \qquad (45, S. 61),$$

worin für s_x^2 der Wert der Streuung innerhalb der Bestände eingesetzt und n nach der auf Seite 41 angegebenen Gleichung berechnet wird. Es ist danach

$$s_d = \pm \sqrt{\frac{2 \cdot 0{,}0012101353}{33{,}56}} = \pm\, 0{,}0085$$

und

$$GD_{5\%} = 1{,}97 \cdot 0{,}0085 = 0{,}0167;\ \text{in \% des Mittelwerts} = \frac{0{,}0167 \cdot 100}{0{,}4809} = 3{,}47\%$$

$$GD_{1\%} = 2{,}60 \cdot 0{,}0085 = 0{,}0221;\ \text{in \% des Mittelwerts} = \frac{0{,}0221 \cdot 100}{0{,}4809} = 4{,}60\%$$

$$GD_{0{,}1\%} = 3{,}34 \cdot 0{,}0085 = 0{,}0284;\ \text{in \% des Mittelwerts} = \frac{0{,}0284 \cdot 100}{0{,}4809} = 5{,}91\%$$

Die Höhe des t-Wertes wurde in allen 3 Fällen durch die Freiheitsgradzahl 229 der Varianz „Innerhalb der Bestände" bestimmt. Mit Hilfe der Grenzdifferenzwerte können nun die Unterschiede der in Übersicht 2 angegebenen Provenienzformzahlen auf ihre statistische Sicherheit geprüft werden, indem man ihre Differenzen mit den absoluten $GD_{i\%}$-Werten vergleicht. Sind die Differenzen größer als die $GD_{i\%}$-Werte, so sind die entsprechenden Sicherungen vorhanden.

Vom Versuchsdurchschnitt $\lambda_{0,9} = 0{,}4809$ weichen nur 2 Provenienzen signifikant ab, und zwar die Ostpreußen im positiven und die Rheinpfälzer im negativen Sinne. Zu letzterem abformigsten Bestand des gesamten Versuchs ergeben sich für die Ostpreußen „sehr gut gesicherte", die Belgier „gut gesicherte" und die Kurländer „gesicherte" positive Formzahlunterschiede. Weitere Vergleiche können mittels der graphischen Darstellung der Grenzdifferenzwerte um die jeweiligen Bestandesformzahlen in Abb. 17 vorgenommen werden.

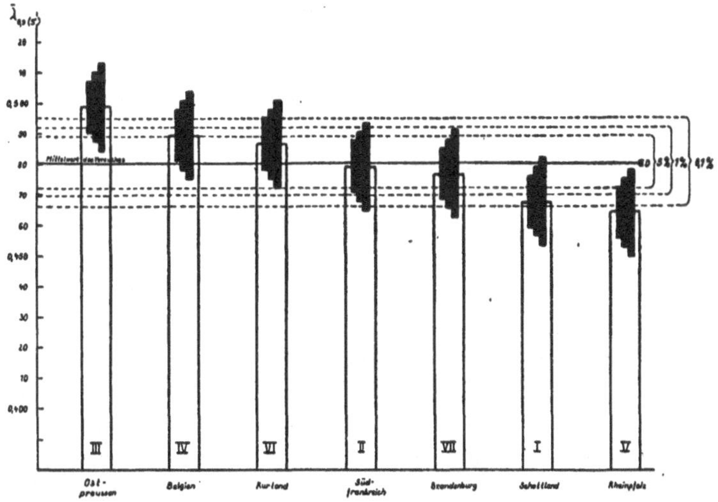

Abb. 17. Kiefern-Provenienzversuch Chorin 85, 47jährig. Arithmetische Mittel der $\lambda_{0,9}$-Werte mit Grenzdifferenzen.

Als Ergebnis vorstehender Auswertung kann zusammengefaßt werden, daß es dank der günstigen statistischen Eigenschaften von $\lambda_{0,9}$ möglich war, ein sicheres

Urteil auch über die Formigkeits- und — in weitgehender Abhängigkeit davon — Wertsunterschiede der in Chorin angebauten Provenienzen zu bekommen.

231.4 *Der Entwicklungsgang von $\lambda_{0,9}$ mit steigendem Bestandesalter*

Das bis jetzt der Abteilung Ertragskunde vorliegende Material gemessener $\lambda_{0,9}$-Werte reicht m. E. nicht aus, einigermaßen sichere Aussagen über die Entwicklung der Bestandesformverhältnisse im Verlaufe des Bestandeslebens zu machen. Alle zur Verfügung stehenden $\lambda_{0,9}$-Werte sind bisher zum ersten Male in den betreffenden Versuchsflächen ermittelt worden, und da $\lambda_{0,9}$ nach PRODAN (50) mit steigendem Bestandesalter sich nur sehr langsam verändert, ist auch bei den nächsten Aufnahmen derselben Flächen eine nur wenig begründete Aussicht vorhanden, daß „statistisch gesicherte" Formzahlunterschiede — also Veränderungen der Form im Verlaufe der Bestandesentwicklung — feststellbar sein werden.

Andererseits geht jedoch aus dem bei der Abteilung Ertragskunde vorliegenden Material klar hervor, daß solche Veränderungen der Formigkeit auch vom Bestandesalter abhängig sein müssen. Vergleicht man dabei vergleichbare Bestände verschiedener Alter, so ist unverkennbar, daß die älteren Bestände höhere Formzahlen als die jüngeren haben. Da diese Tendenz auch bei anderen Holzarten erkennbar ist, dürfte der Analogieschluß berechtigt sein, daß die echte Schaftholzformzahl ganz allgemein mit steigendem Bestandesalter ebenfalls wächst.

Für die Fichtendurchforstungs-Flächenreihe Güntersberge 120 versuchte ich mit Hilfe von 12 Stammanalysen diese Hypothese zu untermauern. Im Hiebsalter von 83 Jahren der analysierten 12 Stämme war der $\lambda_{0,9}$-Unterschied zwischen berindetem und entrindetem Schaft im Mittel nur +0,5%. Dieser — wenn auch unbedeutende — Unterschied beeinträchtigt leider die Wertigkeit der Stammanalysenformzahlen, zumal er bei starkborkigen Holzarten bestimmt größer sein dürfte und sich auch mit dem Stärkerwerden der Borke mit wachsendem Bestandesalter ändern muß. Ohne Berücksichtigung dieser Vorbehalte bekam ich für Güntersberge 120 folgende Ergebnisse:

$\lambda_{0,9}$ steigt bis zum Alter 50 Jahre verhältnismäßig steil an, um von diesem Zeitpunkt an entweder ganz allmählich weiter anzusteigen, gleichzubleiben oder unmerklich zu sinken. Interessant ist dabei wiederum der Vergleich zwischen der Schiffeldurchforstung und der schwachen Durchforstung. Aus Abb. 18 geht hervor, daß die $\lambda_{0,9}$-Überlegenheit der schwachen Durchforstung erst im Alter 65 merkbar wird, während in der davorliegenden 15jährigen Altersspanne die Unterschiede im Fehlerrahmen liegen und davor die Schiffeldurchforstung der schwachen sogar klar überlegen ist. Im Alter 30 hat erstere einen $\lambda_{0,9}$-Bestandeswert von 0,495 und die zweite einen solchen von nur 0,445, während diese Werte im Alter 50 mit 0,534 bzw. 0,537 annähernd gleich sind und erst nach dem Alter 65 zugunsten der schwachen Durchforstung wiederum differieren.

Dieses Untersuchungsergebnis deckt sich voll und ganz mit den Angaben WIEDEMANNs über den Erfolg verschiedenartiger Durchforstungsstärke bei Fichte (65).

Danach sind in der Jugend starke Durchforstungen oder weite Verbände (Schnellwuchsbetrieb) mäßigen Durchforstungen und engeren Verbänden im Zuwachs überlegen. In den mittleren Altersklassen nach Überschreiten der Derbholzschwelle bis etwa zum 80. Jahr ist kein eindeutiger Unterschied verschiedener Durchforstungsstärken erkennbar, und in älteren Beständen ist die mäßige Durchforstung der starken im Massenzuwachs überlegen.

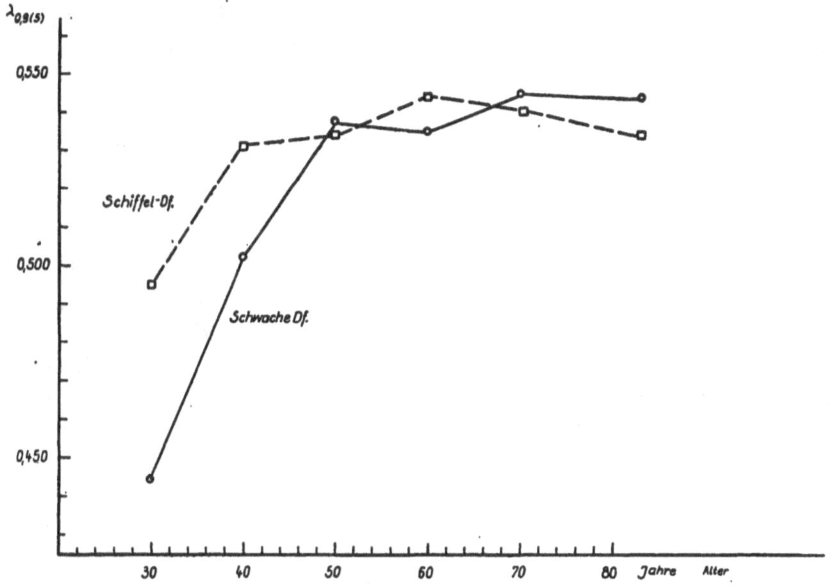

Abb. 18. Güntersberge 120, Fichte. Der Entwicklungsgang der Bestandesschaftholzformzahl $\lambda_{0,9}$ bei extrem unterschiedlicher Durchforstung.

Übersicht 3

Zuwachsperioden in Jahren	Mittlere Grundflächenhaltung in m²	
	Güntersberge 120 I schwache Durchforstung	Güntersberge 120 III Schiffeldurchforstung
32 —38	41,28	28,86
38 —45	43,58	33,51
45 —56	48,02	36,70
56 —60	50,46	40,37
60 —64	51,05	40,83
64 —69$^3/_4$	53,50	38,99
69$^3/_4$—79	53,20	40,86
79 —82$^3/_4$	50,55	42,20

Demnach kann das unter 231.31 gefundene Untersuchungsergebnis, daß dichtgehaltene Fichtenbestände „statistisch gesichert" vollformiger als stark aufgelichtete sind, nicht einfach auf alle Bestandesalter übertragen werden. Vielmehr ist der Einfluß unterschiedlicher Bestockungsdichte auf die Formigkeit stets im Zusammenhang mit dem jeweils erreichten Bestockungsalter zu sehen. Optimale und kritische Grundflächenhaltung im Sinne ASSMANNs (4) sind für die Harzfichte noch nicht berechnet worden. Jedoch ist es in der Übersicht 3 augenfällig, daß das Absinken von $\lambda_{0,9}$ ab Alter 65 auf der Schiffeldurchforstungsfläche parallel mit einem Stagnieren der mittleren Grundflächenhaltung dieser Fläche vor sich geht, während diejenige der schwach durchforsteten Fläche I insgesamt gesehen noch gestiegen ist. Es wäre danach denkbar, daß durch eventuelles Unterschreiten der kritischen Grundflächenhaltung im Verein mit dem dadurch bedingten Absinken des Massenzuwachses auch der Formzuwachs sinken mußte. Das ist jedoch nur eine Vermutung, da im allgemeinen zwischen Form- und Grundflächenzuwachs nur geringe Zusammenhänge bestehen und beide Faktoren ganz gegensätzliche Entwicklungstendenzen zeigen können.

24 Die echte Schaftholzformzahl $\lambda_{0,9}$ als Massenreduktionsfaktor

Die hervorragenden Eigenschaften HOHENADLs echter Schaftholzformzahl $\lambda_{0,9}$ zur Schaftformdarstellung können vor allem nach den KRENN-PRODANschen Untersuchungsergebnissen von 1944 (32, 33) kaum einem Zweifel unterliegen. Als Massenreduktionsfaktor dagegen bedingt $\lambda_{0,9}$ auf Grund der Eigenart ihrer Herleitung über nur 5 Sektionen gleicher relativer Länge einen systematischen negativen Massenfehler. HOHENADL nimmt diese Ungenauigkeit jedoch in Kauf. Ihm sind die Vorzüge seiner echten Formzahl zur Schaftformdarstellung entscheidend. Für praktische Bedürfnisse ist nach seiner Meinung die Messung der Schäfte in relativ gleichlangen Abschnitten das einfachste Mittel, um die praktisch unvermeidlichen Fehler bei der Messung des Langnutzholzes auf ein wirtschaftlich bedeutungsloses Maß herabzudrücken (19, S. 444). Durch die Zerlegung des Schaftes in 5 Abschnitte findet er Massenfehler zwischen +1,4% und −2,0%, die von der jeweiligen Ausbauchungsreihe, nicht jedoch von der Schaftlänge abhängen (19, S. 448). Er findet weiterhin, daß die hauptsächlichsten Unterschiede auf die verschiedene Erfassung des Stammfußes zurückzuführen sind und dieses sogenannte Schenkelholz durch Kubizierung nach 1- oder 2 m-Sektionen besonders bei langen Schäften besser erfaßt wird (19, S. 522). HOHENADL mißt dieser mangelhaften Erfassung des Schenkelholzes durch seine Meßmethode keine besondere Bedeutung bei, da das Schenkelholz „bei der Verarbeitung des Langnutzholzes zu Halbfabrikaten meist nur als Abfall zur Verwertung kommt“ (19, S. 739). Er betrachtet also die Aufmessung der Schäfte recht einseitig vom Nutzungsstandpunkt aus und übersieht dabei völlig, daß beim Zerschneiden der Stämme zu Schichtholz, aber auch bei Langholz, z. B. als Schälholz oder als Nebenprodukte beim Sägeholz durchaus die Ausmaße des Wurzelanlaufholzes Bedeutung haben.

Ganz abgesehen davon ist es für eine wissenschaftliche Betrachtung von Masse und Zuwachs unerläßlich, die Masse mit der vom Verband Forstlicher Forschungsanstalten als ausreichend erachteten Genauigkeit zu bestimmen, wie sie über 2m-Sektionen zu erreichen ist. Gerade im langfristigen forstlichen Versuchswesen wäre es unmöglich, nach jahrzehntelanger konsequent durchgeführter Kubizierung nach 2 m-Sektionen ohne jedwede Berichtigung zu den HOHENADL-Sektionen überzugehen. Alle Vergleichbarkeit wäre dann mit einem Schlage dahin, zumal inzwischen feststeht, daß HOHENADLs Material zu gering war, um die Genauigkeit seiner Kubizierung zu überprüfen. ENGSTLER fand einen systematischen negativen Abweichungsfehler bis −8% der Inhaltsermittlung nach 5 Sektionen gleicher relativer Länge gegenüber derjenigen nach 2 m-Sektionen (6, S. 9).

Dies ist einer der Gründe dafür, warum die Kubizierung nach 5 Sektionen gleicher relativer Länge und überhaupt das arithmetische Massenermittlungsverfahren von HOHENADL bisher im Versuchswesen nicht angewandt werden. Ein anderer, weniger schwerwiegender geht darauf zurück, daß $\lambda_{0,9}$ für eine Bestandesmassenermittlung erst in die unechte Schaftholzformzahl $f_{1,3}$, also auf Brusthöhendurchmesserbasis umgerechnet werden muß. Der Umstand, daß mit $\lambda_{0,9}$ nur Schaftholzmasse reduziert werden kann, macht sich in erster Linie für die Massenberechnung derjenigen Holzarten mit umfangreichem Derbastholzanteil erschwerend bemerkbar.

241 *Untersuchungen über die Massendifferenzen von Einzelstämmen und Beständen bei Anwendung von Kubierungsmethoden nach Sektionen gleicher relativer Länge gegenüber solchen absolut gleicher Länge*

241.1 *Die Korrekturprozenttabellen von PRODAN und ENGSTLER*

PRODAN kommt bei der Betrachtung der Voll- bzw. Abholzigkeit sowie der Voll- bzw. Abformigkeit in seinem Lehrbuch „Messung der Waldbestände" (50, S. 34) u. a. zu dem Ergebnis, daß „für die Bestimmung der ‚wahren' Masse die zulässige Länge der Abschnitte von der Form des Stammes abhängt. Für wissenschaftliche Zwecke genügen Abschnitte von 1 bis 2 m ..." Er folgert daraus, daß demnach ein Baum — je nach seiner Länge — in 10 bis 20 Abschnitte gleicher relativer Länge zerlegt werden müsse, um diese Genauigkeit zu erreichen. Mit den 5 HOHENADLschen Sektionen bleibe zwar die relative Genauigkeit der Erfassung von Stämmen verschiedener Länge die gleiche, gegenüber den starren 2 m-Sektionen ergäbe sich jedoch ein systematischer Massenfehler von 1 bis 4%, im Durchschnitt 1—2% der wahren Masse, der fast voll und ganz auf die ungenügende Erfassung des Wurzelanlaufs durch die erste Sektionsmessung vom Stock aus zurückgehe.

Für die Ausschaltung dieses systematischen Fehlers errechnete PRODAN nach statistischen Untersuchungen über die Formel

$$k = 0{,}3\,\frac{d_{1,3} - d_{0,9}}{d_{0,9}} \cdot 100$$

eine gemeinsame Korrekturprozenttabelle für alle Holzarten, mit deren Hilfe er die differierenden Massen nach 5 Sektionen gleicher relativer Länge bis auf den geringen Fehler von ±0,5% der „wahren" Masse berichtigen zu können glaubt. Ich habe versuchsweise einen Teil meines nach 5 Sektionen gleicher relativer Länge aufgemessenen Stamm-Materials mit diesen PRODANschen Prozentwerten korrigiert und festgestellt, daß besonders für die Holzart Kiefer durch diese immerhin mühsame einzelstammweise Korrektur die von PRODAN angegebene Genauigkeit nicht zu erreichen war.

Ein Grund dafür könnte folgender sein: PRODAN hat seine Stämme stets ohne Stubben, also vom Stock aus vermessen, wie dies eindeutig aus entsprechenden Bemerkungen in seinem Lehrbuch (50, S. 24 und S. 35) hervorgeht, und kommt dadurch zu andern q_H-Verhältnissen wie bei Einbeziehung des Stockholzes in die Messung. Ein weiterer Grund für das Abweichen der Kiefer könnte sein, daß sie in PRODANs Material rein zahlenmäßig zu wenig Berücksichtigung fand.

Auf den Erkenntnissen HOHENADLs und PRODANs aufbauend, daß der durch die Stammkubierung nach 5 Sektionen gleicher relativer Länge entstehende systematische Massenfehler hauptsächlich auf die mangelhafte Erfassung des Wurzelanlaufs zurückgeht, hat ENGSTLER (6) an Hand eines reichhaltigen Materials der Württembergischen Forstlichen Versuchsanstalt mit Hilfe der Korrelationsrechnung nachgewiesen, daß ein sehr straffer, beinahe funktionaler Zusammenhang zwischen Massenabweichungsprozent von einmal nach 2 m-Sektionen und zum anderen nach 5 Sektionen der Länge 0,2 L aufgemessenen Stämmen der wichtigsten Nadelhölzer und q_H besteht. Es zeigte sich, daß diese Abhängigkeit – holzartenweise getrennt – sich am besten durch eine Gleichung 1. Grades ausgleichen ließ. ENGSTLER konnte so über die Ausgleichsrechnung für die Holzarten Fichte, Tanne, Kiefer, Europäische Lärche, Japanische Lärche und Douglasie Berichtigungsfaktoren in Abhängigkeit von q_H errechnen und diese in Tabellenform darstellen. Er gibt an, mit ihrer Hilfe bei Hiebsanfällen von mehr als 50 Stämmen die Abweichungen der HOHENADLschen Schaftholzmassen von den 2 m-Sektionen-Massen bis auf $\pm 0{,}2\%$ genau korrigieren zu können. Seine Nachprüfung der PRODANschen Korrekturprozentwerte ergab, daß sie nur Fichte und Kiefer mit seiner Genauigkeit korrigieren, bei allen anderen Nadelholzarten dagegen noch systematische Fehler zurückbleiben. Schließlich weist ENGSTLER weiterhin nach, daß statt einzelstammweiser Berichtigung mit gleicher Genauigkeit eine solche über Mittelwerte ebenfalls möglich ist, und da er für Aushiebsstämme von über 20 cm Brusthöhenstärke und 20 m Baumhöhe Tabellen aufstellen kann, mit deren Hilfe Schaftholzmasse mit einem Fehler von höchstens $\pm 0{,}5\%$ in Derbholzmasse umrechenbar ist, steht seiner Meinung nach der Einführung des arithmetischen Massenermittlungsverfahrens HOHENADLs in der von ihm verbesserten Form in das forstliche Versuchswesen nichts im Wege.

Ich habe die von ENGSTLER veröffentlichten Korrekturwerte, die erst während der Fertigstellung meiner Arbeit für mich greifbar wurden, noch nicht auf ihre Brauchbarkeit für unsere Waldverhältnisse untersuchen können. Dennoch möchte ich zu dem Vorgehen ENGSTLERs im allgemeinen und im besonderen kritisch Stellung nehmen.

Zweifellos ist der Versuch der Lösung dieses von ENGSTLER bearbeiteten Problems originell, und ich kann mir gut vorstellen, daß dieses modifizierte

HOHENADL-Verfahren, wofür ja nach ALTHERRs Vorschlag (1) auch eine vereinfachte $\lambda_{0,9}$-Herleitung verwandt werden soll, für Massenberechnungen in der forstlichen Praxis und praktischen Forsteinrichtung sehr gute Ergebnisse liefern wird. Seine Anwendung zur bestandesindividuellen Massenermittlung im forstlichen Versuchswesen erscheint mir dagegen bedenklich.

ENGSTLER hat zur Herleitung seiner Korrekturwerte bewußt auf die ihm vorliegenden 1200 Einzelstammaufnahmen verzichtet und, „um möglichst umfassendes, hinsichtlich der Formverhältnisse vielseitiges und von zufälligen Fehlern freies Grundlagenmaterial zu verwenden" (S. 17), durchschnittliche Ausbauchungsreihen von ZIMMERLE für Fichte, Kiefer, Tanne und Europäische Lärche und von SCHOBER für Japanische Lärche, je auf der Grundlage von oft bis zu 500 Einzelstämmen benutzt. Für diese Ausbauchungsreihen, die auf starre 1 m-Sektionen bis zur Derbholzgrenze zurückgehen, mußte er die Durchmesserwerte der HOHENADL-Sektionen teils graphisch, teils rechnerisch interpolieren. Am bedenklichsten erscheint mir dabei die graphische Interpolation von $d_{0,9}$ der Stämme unter 30 m Höhe, des Durchmessers also, der zusammen mit $d_{1,3}$ die absolute Größe von q_H bedingt (siehe hierzu auch meine Untersuchungen unter 41). Meines Erachtens werden durch ein derartiges Vorgehen die sehr differenzierten Verhältnisse der Schaftkurve am Wurzelanlauf zu sehr vereinheitlicht und schematisiert, und ich möchte annehmen, daß die aus den interpolierten $d_{0,9}$-Werten berechneten q_H-Werte von vornherein die hohe Korrelation zwischen Korrekturprozent und q_H im positiven Sinne beeinflußt haben.

Ganz abgesehen davon sind und bleiben die Korrekturprozentwerte eben tarifmäßige Durchschnittswerte, die speziellen Bestandesverhältnissen sicher nicht in jedem Falle entsprechen können.

Zur technischen Durchführung der ENGSTLERschen Korrelationsrechnungen ist zu sagen, daß er die aus den Ausbauchungsreihen abgeleiteten Werte für q_H und pv_W (= Korrekturprozent) als Mittelwertpaare von Kollektiven in die Rechnung eingehen läßt und dazu schreibt, daß diese Mittelwertpaare sich besonders gut für eine Korrelationsrechnung eigneten. Diese Auffassung der Korrelationsrechnung ist, wenn auch mathematisch nicht unkorrekt, so doch mindestens eine erhebliche Selbsttäuschung. Mit der Korrelationsrechnung wird bekanntlich die Straffheit der Abhängigkeit zweier Veränderlicher gemessen. Die Größe der Streuwerte beider Variabler beeinflußt entscheidend den Wert des Maßes der Straffheit der Korrelation, den Korrelationskoeffizienten r. Werden diese Streuungen gewissermaßen durch eine Vorordnung der Einzelwerte zu Mittelwerten erheblich eingeengt, so liegt es auf der Hand, daß die dann berechneten Korrelationskoeffizienten eine größere Straffheit der Beziehungen anzeigen müssen, als es in Wirklichkeit der Fall ist. So hat ENGSTLER für die Beziehung pv_W/q_H Korrelationskoeffizienten errechnet, von denen der niedrigste — für die Europäische Lärche — bei $0{,}9398 \pm 0{,}0018$ liegt, während der höchste — für die Japanische Lärche — einen Wert von $0{,}9919 \pm 0{,}006$ aufweist.

Ich habe nun vergleichsweise für die Holzart Buche meines Untersuchungsmaterials ebenfalls die Abweichungsprozente der „wahren" (2 m-Sektionen-)

Schaftholzmasse von der aus 5 Sektionen gleicher relativer Länge gewonnenen Schaftholzmasse berechnet und diese **einzelstammweise** zu q_H in Beziehung gesetzt. Die zu dieser Untersuchung herangezogenen 346 Einzelstämme stammen zu gut zwei Dritteln aus Versuchsflächen des Leinefelder Buchenoptimums auf Muschelkalk, zu einem Drittel aus der Harzmittellage Güntersberge und dem Mecklenburgischen Grundmoränengebiet im Revier Dargun. Sie wurden Beständen mittlerer bis sehr guter Ertragsklasse, verschiedenster Behandlungsart und unterschiedlichster Alter entnommen und stellen somit einen repräsentativen Querschnitt des Buchenvorkommens im Untersuchungsgebiet der Abteilung Ertragskunde dar.

Nicht ohne Absicht wählte ich für diesen Vergleich die Holzart Buche, obwohl sie von ENGSTLER nicht bearbeitet wurde und Schaftformzahlmessungen im Sinne HOHENADLs an dieser wie an allen anderen Laubholzarten in der Literatur nicht bekannt geworden sind. Die Buche scheint mir als nicht borkenbildende Holzart ein besonderes Beispiel für die Beziehung pv_W/q_H zu sein. Bei den aufgemessenen Buchenstämmen fällt im Gegensatz zur Fichte, vor allem aber zur Kiefer auf, daß bei sehr niedrigen Werten des HOHENADLschen Quotienten die Abweichungen der Schaftholzmasse nach HOHENADL gegenüber der „wahren" gering sind und bis zu 40% im positiven Bereich liegen (siehe hierzu auch Abb. 23). Der Grund für dieses abweichende Verhalten kann nicht allein im Fehlen einer dicken, den Wurzelanlauf verstärkenden Borke gesucht werden. So hat MITSCHERLICH (43, S. 382) gefunden, daß bei der Buche in klarer Abweichung von Kiefer und Fichte nur selten ein Minimum im Durchmesser- und vor allem im Kreisflächenzuwachs in Brusthöhe oder höheren Schaftstellen anzutreffen ist. Diese Erkenntnis erklärt einleuchtend die niedrigen q_H-Werte der Buche. In einem weiteren MITSCHERLICHschen Untersuchungsergebnis, daß nämlich die Buche bei weitem den höchsten Schlankheitsgrad gegenüber Fichte und Kiefer (auch ohne Rinde) aufweist (43, S. 395), sehe ich eine Bestätigung für ihr besonderes Verhalten in dieser Hinsicht.

Stimmt nun die ENGSTLERsche Theorie ohne Ausnahme, so muß bei den von ihm gefundenen hohen Korrelationskoeffizienten für andere Holzarten auch bei den extremen Verhältnissen der Buche — niedrige q_H-Werte, niedrige pv_W-Werte, die nur eine geringe systematische Beeinflussung erkennen lassen und auch negativ sind — eine entsprechende Straffheit der Beziehungen vorhanden sein.

Die statistische Bearbeitung des Verhältnisses

$$\frac{\text{Schaftholz nach 2-m-Sektionen}}{\text{Schaftholz nach 5 Sektionen gleicher rel. Länge}} \cdot 100/q_H$$ [5])

bei Buche wird im folgenden auf der Grundlage des RIETZ-BAURschen Korrelationsschemas (52, S. 163) durchgeführt. Dieses Rechenschema ermöglicht bei

[5]) Da bei der Buche positive und negative Abweichungen der „wahren" Massen von der HOHENADL-Masse vorkommen, gingen aus rechentechnischen Gründen nicht die ENGSTLERschen pv_W-Werte, sondern die angegebenen in die Rechnung ein.

Korrelation: $\dfrac{\text{Schaftholz nach 2m-Sektionen}}{\text{Schaftholz nach 5 Sektionen gl. rel. L.}} \cdot 100/q_H$

Buche
Mittel- und
Nordost-Deutsc

y = % \ x = q_H	0,950 0,959	0,960 0,969	0,970 0,979	0,980 0,989	0,990 0,999	1,000 1,009	1,010 1,019	1,020 1,029	1,030 1,039	1,040 1,049	1,050 1,059	1,060 1,069	1,0 1,0
88				1^{-13}_{-6}									
92					1^{-9}_{-5}	1^{-9}_{-4}							
93						1^{-8}_{-4}							
94			1^{-7}_{-7}	1^{-7}_{-6}		1^{-7}_{-4}				1^{-7}_{0}			
95					1^{-6}_{-5}				1^{-6}_{-1}				
96				1^{-5}_{-6}	2^{-10}_{-10}	1^{-5}_{-4}	3^{-15}_{-9}	1^{-5}_{-2}		1^{-5}_{0}			
97						4^{-16}_{-16}	1^{-4}_{-3}	2^{-8}_{-4}	3^{-12}_{-3}	1^{-4}_{0}			2
98	1^{-3}_{-9}		1^{-3}_{-7}	1^{-3}_{-6}	2^{-6}_{-10}	4^{-12}_{-16}	5^{-15}_{-15}	3^{-9}_{-6}	4^{-12}_{-4}	4^{-12}_{0}	3^{-9}_{3}		
99		1^{-2}_{-8}		2^{-4}_{-12}		5^{-10}_{-20}		5^{-10}_{-10}	11^{-22}_{-11}	7^{-14}_{0}	6^{-12}_{6}	1^{-2}_{2}	4_{1}
100					2^{-2}_{-10}	2^{-2}_{-8}	8^{-8}_{-24}	5^{-5}_{-10}	6^{-6}_{-6}	9^{-9}_{0}	4^{-4}_{4}	6^{-6}_{12}	2
101		1^{0}_{-8}		1^{0}_{-6}		2^{0}_{-8}	3^{0}_{-9}	5^{0}_{-10}	11^{0}_{-11}	11^{0}_{0}	7^{0}_{7}	2^{0}_{4}	2
102						4^{4}_{-16}	5^{5}_{-15}	6^{6}_{-12}	8^{8}_{-8}	12^{12}_{0}	6^{6}_{6}	7^{7}_{14}	1
103							2^{4}_{-6}	2^{4}_{-4}	6^{12}_{-6}	3^{6}_{0}	7^{14}_{7}	2^{4}_{4}	1
104						1^{3}_{-4}	1^{3}_{-3}	2^{6}_{-4}	4^{12}_{-4}		3^{9}_{3}	3^{9}_{6}	2
105					1^{4}_{-5}			2^{8}_{-4}	1^{4}_{-1}	1^{4}_{0}	1^{4}_{1}	2^{8}_{4}	1
106				1^{5}_{-6}			1^{5}_{-3}	1^{5}_{-2}	1^{5}_{-1}	1^{5}_{0}	2^{10}_{2}	1^{5}_{2}	1
107						1^{6}_{-4}	1^{6}_{-3}						
108						1^{7}_{-4}				1^{7}_{0}			1
109			1^{8}_{-7}							1^{8}_{0}			
110											1^{9}_{1}		
111									1^{10}_{-1}				
114													1^{1}
115											1^{14}_{1}		
f_x	1	2	3	8	9	28	30	34	57	53	41	24	1
X	−9	−8	−7	−6	−5	−4	−3	−2	−1	±0	1	2	
$f_x \cdot X$	−9	−16	−21	−48	−45	−112	−90	−68	−57	±0	41	48	5
$f_x \cdot X^2$	81	128	147	288	225	448	270	136	57	±0	41	96	16
S	−3	−2	−2	−27	−29	−49	−19	−8	−7	−9	41	25	2
S · X	27	16	14	162	145	196	57	16	7	±0	41	50	6
$S^2 : f_x$	9,00	2,00	1,33	91,125	93,44	85,75	12,03	18,82	0,86	1,53	41,00	26,04	22,

Institut für Forstwissenschaften Abteilung Ertragskunde	Bearbeiter	Datum	geprüft	Datum

1,090 1,099	1,100 1,109	1,110 1,119	1,120 1,129	1,130 1,139	1,140 1,149	1,160 1,169	f_y	Y	$f_y \cdot Y$	$f_y \cdot Y^2$	T	T · Y	$T^2 : f_y$
							1	—13	—13	169	—6	78	36,00
							2	—9	—18	162	—9	81	40,50
							1	—8	—	64	—4	32	16,00
							4	—7	—28	196	—17	119	72,25
							2	—6	—12	72	—6	36	18,00
							9	—5	—45	225	—31	155	106,78
							13	—4	—52	208	—20	80	30,77
							28	—3	—84	252	—70	210	17,50
							43	—2	—86	172	—37	74	31,84
2^{-2}_{10}		1^{-1}_{7}					50	—1	—50	50	—7	7	0,98
3^{0}_{15}	2^{0}_{12}						52	±0	±0	±0	±0	±0	±0,00
2^{2}_{10}		1^{1}_{7}					56	1	56	56	5	5	0,45
1^{2}_{5}	1^{2}_{6}				1^{2}_{10}		29	2	58	116	31	62	33,14
1^{3}_{5}				1^{3}_{9}		1^{1}_{12}	19	3	57	171	26	78	35,58
1^{4}_{5}			1^{4}_{8}				12	4	48	192	15	60	18,75
				1^{5}_{9}			11	5	55	275	8	40	5,82
1^{6}_{5}							3	6	18	108	—2	—12	1,33
							3	7	21	147	—1	—7	0,33
							2	8	16	128	—7	—56	24,50
1^{9}_{5}							2	9	18	162	6	54	18,00
							1	10	10	100	—1	—10	1,00
		1^{13}_{7}					2	13	26	338	10	130	50,00
							1	14	14	196	1	14	1,00
12	3	3	1	2	1	1	346		1	3559		1230	560,52
5	6	7	8	9	10	12							
60	18	21	8	18	10	12	—116						
300	108	147	64	162	100	144	3344						
24	2	13	4	8	2	3							
120	12	91	32	72	20	36	1230						
48,00	1,33	56,33	16,00	32,00	4,00	9,00	584,875						

Tabelle 9:

Art der Streuung	Quadratsummen: LINDERsche Schreibweise	Quadratsummen: auf RIETZ-BAUR abgestellte Schreibweise	Freiheitsgrad	Durchschnitt der Quadratsummen
Innerhalb der Spalten .	$\underset{j=1}{\overset{M}{S}}\ \underset{K=1}{\overset{Nj}{S}} (y_{jk} - \bar{y}_j)^2$	$= ([f_y \cdot Y^2] - N \cdot \bar{Y}^2) - \left(\left[\frac{S^2}{f_x}\right] - N \cdot \bar{Y}^2\right) = 2974{,}1250$	$N - M = 325$	9,151153
Zwischen den Spalten . .	$S[N_j (\bar{y}_j - \bar{y})^2]$	$= \left[\frac{S^2}{f_x}\right] - N \cdot \bar{Y}^2 = 584{,}8723$	$M - 1 = 20$	
Gesamte Streuung . . .	$\underset{j=1}{\overset{M}{S}}\ \underset{K=1}{\overset{Nj}{S}} (y_{jk} - \bar{y})^2$	$= [f_y \cdot Y^2] - N \cdot \bar{Y}^2 = 3558{,}9973$	$N - 1 = 345$	
Regressionsgerade . . .	$\underset{j=1}{\overset{M}{S}}[N_j (Y_j - \bar{y})^2]$	$= \frac{([T \cdot Y] - N \cdot \overline{XY})^2}{[f_x \cdot X^2] - N \cdot \bar{X}^2} = 457{,}4958$	1	
Um Regressionsgerade .	$S[N_j (\bar{y}_j - Y_j)^2]$	$= \left(\left[\frac{S^2}{f_x}\right] - N \cdot \bar{Y}^2\right) - \frac{([T \cdot Y] - N \cdot \overline{XY})^2}{[f_x \cdot X^2] - N \cdot \bar{X}^2} = 127{,}3765$	$M - 2 = 19$	6,704026
Zwischen den Spalten . .	$S[N_j (\bar{y}_j - \bar{y})^2]$	$= \left[\frac{S^2}{f_x}\right] - N \cdot \bar{Y}^2 = 584{,}8723$	$M - 1 = 20$	

$$F = \frac{6{,}704026}{9{,}151153} < 1$$

sehr umfangreichen Kollektiven von Wertepaaren stochastischer Abhängigkeit die Korrelationsrechnung über Klassenwerte in rationellen Rechengängen und gestattet ohne wesentliche Rechenmehrarbeit eine Prüfung der Linearität der Regression. Nach RIETZ-BAUR ist diese Linearitätsprüfung über den Vergleich der Differenz zwischen *Korrelations*- und PEARSONschem *Regressionskoeffizienten* mit dem *wahrscheinlichen Fehler* dieser Differenz durchzuführen (52, S. 173). Dieses Verfahren ist m. E. jedoch nicht empfehlenswert, da der *wahrscheinliche Fehler* nur eine Aussagewahrscheinlichkeit von 50% hat und für den Unkundigen damit nur größere Beobachtungsgenauigkeit vortäuscht (25, S. 92). Ich prüfe daher die Form der Regressionslinie, wie diese Prüfung FISHER über die Varianzanalyse vorgeschlagen hat (9, Abschnitt 44, S. 248ff.), und folge dabei dem diesbezüglichen Vorgehen LINDERs (39, S. 106ff.).

Wir stellen uns danach die gesamte Verteilung der Werte in einer Tafel, in unserem Falle in der Korrelationstabelle (Tab. 8) derart vor, daß die zu jedem Abszissenwert gehörenden Ordinatenwerte in einer Spalte angeordnet sind, wie es ja auch tatsächlich in der Korrelationstabelle der Fall ist. Wenn nun in der Grundgesamtheit die Regression geradlinig ist, sind die Abweichungen der einzelnen Ordinatenwerte einer jeden Spalte um die Durchschnittswerte dieser Spalten wie auch die Abweichungen jener Spaltendurchschnittswerte von der Regressionsgeraden zufällig verteilt. LINDER schreibt (39, S. 110): „... Das Prüfverfahren besteht im wesentlichen darin, die Streuung um die Regressionsgerade mit der Streuung innerhalb der Spalten zu vergleichen..." und vorher (S. 108) „... Die bezüglichen Streuungen sind Schätzungen der Grundgesamtheit. Ihr Verhältnis kann mittels der Verteilung F geprüft werden. Weichen in einem gegebenen Beispiel die beiden Streuungen nur zufällig voneinander ab, so können wir die Regression als linear betrachten. Ist dagegen der Unterschied der beiden Streuungen gesichert, so müssen wir davon absehen, daß Verfahren der linearen Regression anzuwenden."

Die für den F-Test erforderlichen Streuungen, die LINDER über die Einzelwerte der beiden Veränderlichen berechnet, konnte ich nach einer gewissen Umformung unmittelbar aus den Werten des RIETZ-BAURschen Korrelationsschemas für Klassen berechnen und damit eine große Rechenmehrarbeit einsparen. Ich hatte vorher bei FISHER (9, Abschnitt 45, S. 255ff.) gefunden, daß der Wert

$$\eta^2_{(y/x)}$$

des Korrelationsverhältnisses das Verhältnis der Streuung „zwischen den Spalten (Bereichen)" und der Gesamtstreuung darstellt. Die Varianz „zwischen den Spalten" mußte demnach der Zählerwert von

$$\eta^2_{(y/x)}$$

RIETZ-BAURscher Herleitungsart sein.

Demzufolge können wir nun die von LINDER (39, S. 109) angegebene, von mir auf das RIETZ-BAURsche Korrelationsschema abgestellte Varianztabelle aufstellen (Tab. 9).

Die Quadratsumme der Streuung „innerhalb der Spalten" ergibt sich darin durch Abziehen der Quadratsumme der Streuung „zwischen den Spalten" von der Quadratsumme der Gesamtstreuung, die Quadratsumme der Streuung „um die Regressionsgerade" durch Abziehen der Quadratsumme der Streuung „Regressionsgerade" (das sind die Streuungsquadrate der Werte der Regressionsgeraden um den Durchschnitt aller y-Werte) von der Quadratsumme der Streuung „zwischen den Spalten". Durch Division durch die entsprechenden Freiheitsgradzahlen erhalten wir in der letzten rechten Spalte der Varianztabelle die für den F-Test erforderlichen Durchschnitte der

Quadratsummen für die Streuungen „um Regressionsgerade" und „innerhalb der Spalten". Letzterer Wert ist größer als ersterer. Bei Division durcheinander ergibt sich für den F-Test ein Quotient < 1, so daß der ganze F-Test überflüssig wird. Beide Streuungen weichen eindeutig nur zufällig voneinander ab. Das Verfahren der linearen Regression ist für den untersuchten Fall anwendbar.

Aus den Grundlagenrechenwerten der Korrelationstabelle (Tab. 8) können wir demnach für die Beziehung

$$\frac{\text{Schaftholzmasse nach 2 m-Sektionen}}{\text{Schaftholzmasse nach 5 Sekt. gl. rel. L.}} \cdot 100/q_H$$

für die Buche im mittel- und nordostdeutschen Raum einen Korrelationskoeffizienten für lineare Regression berechnen, der den verhältnismäßig niedrigen Wert

$$r = 0{,}3585 \pm 0{,}04685$$

hat und — obwohl „sehr gut gesichert" von Null verschieden — bei weitem nicht so günstige Abhängigkeitsverhältnisse wie die von ENGSTLER in Württemberg an Nadelholzarten gefundenen anzeigt. Eine Änderung von q_H bewirkt nur mit 12,85% Wahrscheinlichkeit eine solche von pv_W relativ gleichen Ausmaßes.

Die Streuung um die berechnete Regressionsgerade

$$\frac{\text{„wahre" Masse}}{\text{HOHENADL-Masse}} \cdot 100 = 37{,}20132\, q_H + 62{,}1247$$

hat den an sich sehr niedrigen absoluten Wert 2,99 und den relativen 2,96%. Dabei ist jedoch zu bedenken, daß diese Streuwerte praktisch sehr hoch liegen, wenn man sie als Streuwerte der Berichtigungsprozente betrachtet. Für das forstliche Versuchswesen scheint mir danach die Genauigkeit solcher über die Ausgleichsgerade berechneter Korrekturwerte zu gering zu sein.

241.2 *Eigene Untersuchungen über die Möglichkeiten einer genauen Schaftmassenermittlung über Sektionen gleicher relativer Länge*

Für wissenschaftliche Untersuchungen müssen Einzelstamm- und Bestandesmassenermittlungen so genau sein, daß z. B. im forstlichen Versuchswesen die Zuwachsermittlung sicher darauf aufbauen kann. Es muß also die bestandesindividuelle Masse erfaßt werden können. Dazu ist erforderlich, daß

1. ein methodisch einwandfreies Massenermittlungsverfahren angewandt wird und
2. die Probestämme dieses Verfahrens — ein Probestammverfahren ist bei einer derartigen genauen Aufnahme unerläßlich — mit einer sicheren Meßmethode aufgemessen werden, um
   a) eine von systematischen Fehlern freie Einzelstamm-Masse und
   b) nach Möglichkeit gleichzeitig eine treffende Kennzeichnung der Schaftform zu erhalten.

Letztgenannte Bedingung erfüllt jedoch nur eine solche Kubierungsmethode, die auf Sektionen gleicher relativer Länge aufbaut wie die Meßmethode HOHENADL zur Gewinnung der echten Schaftholzformzahl $\lambda_{0,9}$. Den systematischen Massenfehler dieser Methode haben wir bereits eingehend diskutiert. Er kann m. E. für die Belange des forstlichen Versuchswesens nur über die Erhöhung der Zahl der Sektionen gleicher relativer Länge ausgeschaltet werden.

Ich habe daher bei dem größten Teil meiner Untersuchungsstämme neben der Aufmessung von Derb- und Schaftholz einschließlich etwa vorhandener Derbholzäste nach starren 2 m-Sektionen und der Kubierung im Sinne HOHENADLs analog letzterer Meßmethode noch die Kluppungen über Kreuz für 10 und 15 Sektionen gleicher relativer Länge durchgeführt, so daß ohne Derbastholzmessungen 30 m lange Stämme z. B. etwa 40 Kluppungen über Kreuz auf Millimetergenauigkeit erforderten. Diese umfangreichen Messungen waren jedoch notwendig, um eine solche echte Formzahl zu finden, die auf einer echten Ausbauchungsreihe basiert, damit ein treffendes Maß für die Schaftform ist und gleichzeitig als Massenreduktionsfaktor dieselbe Genauigkeit aufweist wie eine Formzahl, die auf Grund starrer 2 m-Sektionen ermittelt wird. Hierzu ist jedoch einräumend festzustellen, daß dieselbe Genauigkeit der Schaftmassenermittlung einmal nach starren 2 m-Sektionen und zum anderen nach Sektionen gleicher relativer Länge theoretisch nur dann erreicht werden kann, wenn die für beide Verfahren notwendigen Kluppungen zusammenfallen. Diese Bedingung ist aber höchst selten gegeben. Wir haben andererseits bereits festgestellt, daß bei der starren 2 m-Sektionierung noch nicht einmal unterschiedlich lange Stämme massenmäßig — auch relativ betrachtet — vergleichbar sind. Ihre Massen werden mit absolut und relativ unterschiedlicher Genauigkeit erfaßt, wobei diese Ungenauigkeit allerdings insofern auch im Versuchswesen tragbar ist, als die Genauigkeit mit dem Längerwerden der Stämme, also in wertvolleren Beständen, wächst. Bei den Sektionen gleicher relativer Länge ist wenigstens die Erfassung der Masse verschieden langer Schäfte von relativ gleichbleibender Genauigkeit (50, S. 35). Daß der dabei entstehende absolute Fehler durch Vermehrung der Sektionenzahl zwecks besserer Erfassung der unteren Stammpartie, die den größten Einfluß auf den Schaftinhalt hat, verkleinert werden kann, habe ich bereits angedeutet. In Abb. 19 und 20 sind die zur Stammaufmessung verwandten 10 bzw. 15 Sektionen gleicher relativer Länge und ihre Mittendurchmesser zwecks Erhebung der echten Schaftholzformzahlen $\lambda_{0,85(10)}$ und $\lambda_{0,9(15)}$ dargestellt und die Bezugsdurchmesser für die entsprechenden echten Ausbauchungsreihen bzw. für die echten Formzahlen selbst besonders kenntlich gemacht. Es ist nun das Für und Wider dieser modifizierten Kubierungsmethoden im Sinne HOHENADLs zu besprechen.

Die Erhöhung der Sektionen gleicher relativer Länge von 5 auf 10 muß nach rein theoretischen Überlegungen folgende Vorteile bringen:

1. Erhöhung der Genauigkeit der Schaftmassenermittlung — vor allem auch durch die Sektion mit dem Mittendurchmesser $d_{0,95}$ — bei ökonomisch tragbarer Anzahl von Messungen,

2. unmittelbare Übereinstimmung der Meßgenauigkeit mit derjenigen der Kubierung nach starren 2 m-Sektionen für Bestände einer Mittelhöhe um 20 m, also für einen großen Teil unserer Bestände.

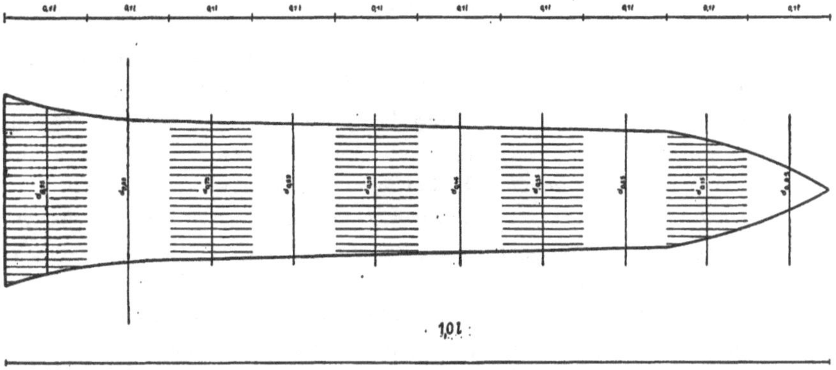

Abb. 19. Schematische Darstellung der Stammaufmessung über 10 Sektionen gleicher relativer Länge zur Erhebung der echten Schaftholzformzahl $\lambda_{0,85(10)}$.

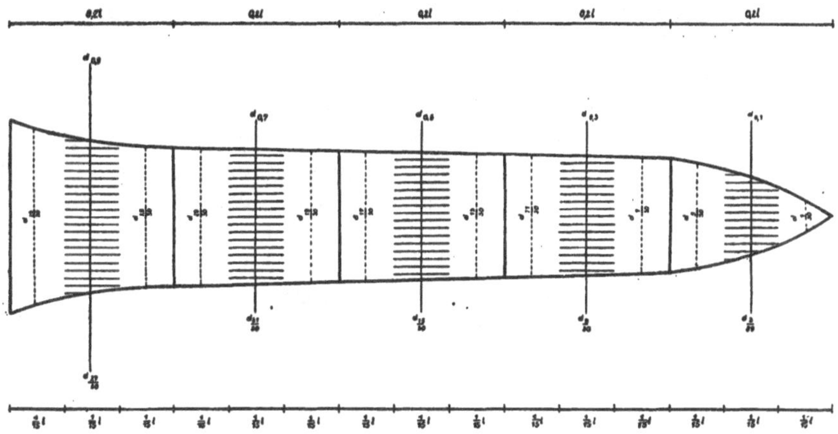

Abb. 20. Schematische Darstellung der Stammaufmessung über 15 Sektionen gleicher relativer Länge zur Erhebung der echten Schaftholzformzahl $\lambda_{0,9(15)}$.

Weiterhin war anzunehmen, daß sich $\lambda_{0,85(10)}$ für die Schaftformdarstellung ebenso eignen würde wie $\lambda_{0,9}$, ohne allerdings unmittelbar damit vergleichbar zu sein. Aus Abb. 19 ist ja ersichtlich, daß als Bezugsdurchmesser für $\lambda_{0,85(10)}$ – wie ich es bereits durch ihre Benennung ausgedrückt habe – $d_{0,85}$ gewählt wurde. Dadurch wird der Idealwalzeninhalt des Schaftes im Gegensatz zur Basis $d_{0,9}$ wesentlich verringert, und als Folge davon ergeben sich rein rechnerisch weitaus höhere echte Schaftholzformzahlwerte, die nach meinen Untersuchungen im groben Durchschnitt um 0,070 höher liegen als die $\lambda_{0,9}$-Werte. Für eine Massenberechnung – auch im Sinne HOHENADLs arithmetischen Verfahrens – ist diese Tatsache rein technisch insofern von Bedeutung, als bei der Umrechnung von $\lambda_{0,85(10)}$ in die unechte Schaftholzformzahl $f_{1,3}$ der HOHENADLsche Quotient in der Form

$$q_H^2 = \left(\frac{d_{1,3}}{d_{0,85}}\right)^2$$

in die Rechnung eingehen muß. Dies ist rechentechnisch in keiner Weise ein Nachteil, ein um so größerer dagegen für die Ermittlung von $d_{0,85}$ am stehenden Probestamm in Form der Leitermessung. Es ist — wie ich mich oft genug selbst überzeugen konnte — weitaus anstrengender und auch gefährlicher — besonders bei sehr hohen Probestämmen, z. B. bei einem solchen von 30 m Höhe — die Kluppungen auf der Leiter statt in 3 m in 4,50 m Höhe durchführen zu müssen.
Dieser Nachteil könnte dennoch in Kauf genommen werden, wenn neben der zweifellos — wie ich noch darlegen werde — genaueren Schaftinhaltsermittlung durch die 10 Sektionen gleicher relativer Länge sich eine wesentliche Einengung der Streuung von $\lambda_{0,85(10)}$ um den Bestandesmittelwert herausstellen würde und damit die Genauigkeit der Bestandesformzahlermittlung zugunsten weniger zahlreicher Probestammaufmessungen zu erhöhen wäre.
Dieses letztere Problem wurde bereits auf der Jahrestagung der Sektion Ertragskunde des Verbandes Forstlicher Forschungsanstalten in Kaufbeuren im Frühjahr 1953 mit der Empfehlung diskutiert, den Bezugsdurchmesser für die HOHENADLsche Schaftholzformzahl $\lambda_{0,9}$ versuchsweise auf $d_{0,85}$ zu verlegen, um ihn dem Wurzelanlauf endgültig zu entrücken und damit sicherere Werte für die Formzahl zu bekommen. Ich kam bei der Kubierung nach 10 Sektionen gleicher relativer Länge zwangsläufig auf $d_{0,85}$ als Bezugsdurchmesser für die Formzahl und fand durch unmittelbaren Vergleich, daß weder absolut noch relativ die Streuung der Einzelwerte von $\lambda_{0,95(10)}$ um das arithmetische Mittel geringer ist als diejenige der $\lambda_{0,9}$-Werte des gleichen Bestandes.
Als ein exakt beweiskräftiges Beispiel hierfür greife ich wiederum auf die entsprechenden Werte des bereits erwähnten Kiefernkahlschlages Finowtal 211 zurück (siehe auch Abb. 21), für den ich für die Beziehung

$$\lambda_{0,85(10)} = 0{,}6264 - 0{,}000093642\, d_{1,3}$$

einen Streuwert um die Ausgleichsgerade von 4,39% errechnete, der ganz unerheblich unter dem entsprechenden der Beziehung $\lambda_{0,9} = f\,(d_{1,3})$ liegt. Der Korrelationskoeffizient für die Korrelation $\lambda_{0,85(10)}/d_{1,3}$ liegt mit

$$r = -0{,}1901 \pm 0{,}0818$$

bei weitem über demjenigen der Korrelation $\lambda_{0,9}/d_{1,3}$. Er ist nach Prüfung seiner Existenz sogar „statistisch gesichert“ von Null verschieden, wie folgende Berechnung beweist:

$$t = \frac{r}{\sqrt{1-r^2}} \cdot \sqrt{N-2} = \frac{0{,}1901}{\sqrt{1-0{,}0361}} \cdot \sqrt{137} = 2{,}266.$$

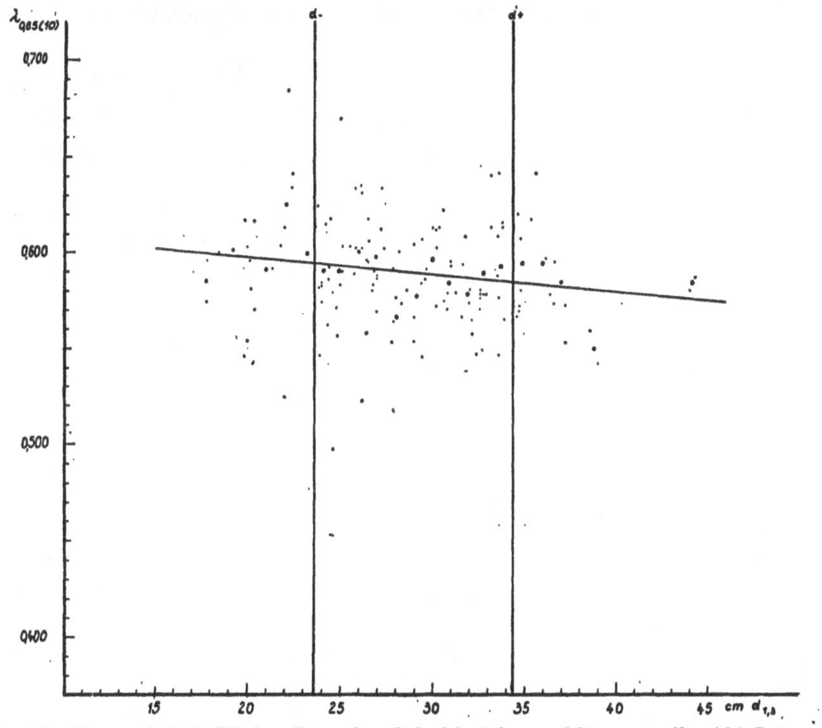

Abb. 21. Finowtal 211, Kiefer. Die echte Schaftholzformzahl $\lambda_{0,85(10)}$ aller 139 Stämme über dem Brusthöhendurchmesser.

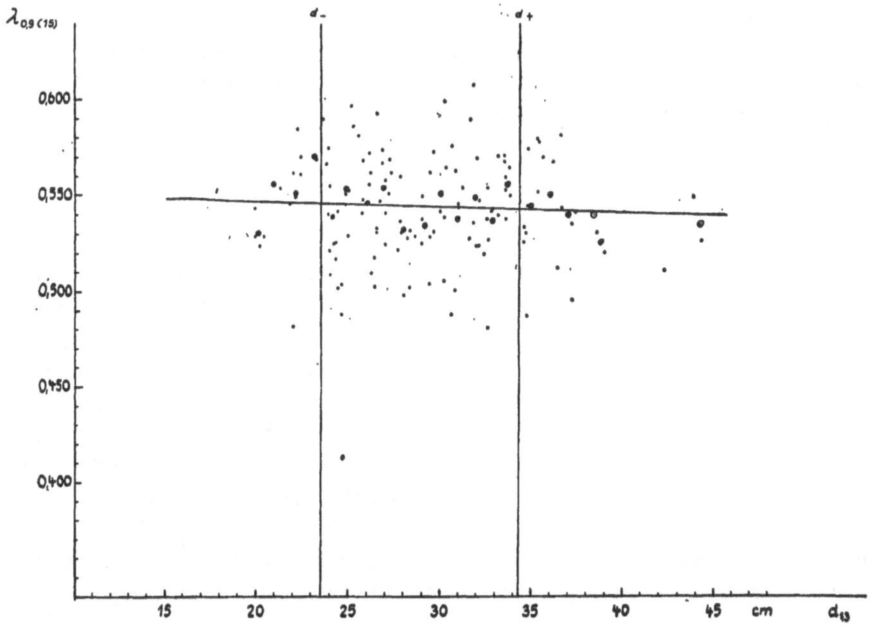

Abb. 22. Finowtal 211, Kiefer. Die echte Schaftholzformzahl $\lambda_{0,9(15)}$ aller 139 Stämme über dem Brusthöhendurchmesser.

Nach der Verteilung von t (39, Taf. III) ergeben sich folgende t-Werte für

	n	P = 0,05	= 0,01	= 0,001
und	120	1,980	2,617	3,373
	140	1,977	2,611	3,361

Der berechnete t-Wert liegt innerhalb P = 0,05 und 0,01. Es besteht damit im vorliegenden Falle eine wenn auch nicht straffe, so doch „statistisch gesicherte" Abhängigkeit zwischen $\lambda_{0,85}$ und $d_{1,3}$, und alle Vorteile, die wir in der Unabhängigkeit der echten Schaftholzformzahl vom Brusthöhendurchmesser bereits untersucht haben, gehen hierfür verloren. Es wurde nicht nachgeprüft, wie weit für andere Bestände eine derartige „statistisch gesicherte" Abhängigkeit in Frage kommt. Nach den vorliegenden graphischen Darstellungen scheint die Abhängigkeit allgemein etwas größer zu sein als diejenige zwischen $\lambda_{0,9}$ und $d_{1,3}$.

Eine Schaftkubierung nach 15 Sektionen gleicher relativer Länge muß nach ebenfalls theoretischen Überlegungen folgende Vorteile bringen:

1. Noch größere Erhöhung der Genauigkeit der Schaftmassenermittlung durch weitere Zunahme der Sektionenzahl und damit dichtere Belegung des den Festgehalt des Schaftes entscheidend beeinflussenden unteren Stammstückes mit Meßstellen,
2. unmittelbare Übereinstimmung der Meßgenauigkeit mit derjenigen der Kubierung nach starren 2 m-Sektionen bei Mittelhöhen um 30 m,
3. angenäherte Vergleichsmöglichkeit mit $\lambda_{0,9}$ als Formigkeitsweiser bei gleicher Bezugsbasis $d_{0,9}$.

Als Nachteile dieser Art der Aufmessung sind die vermehrte Arbeit bei der Sektionsmessung selbst und bei der Berechnung der Formzahl aus 15 statt aus 5 oder 10 Sektionen zu erwarten, des weiteren die unnötig dichte Belegung des oberen Schaftteiles mit Meßstellen, für deren genaue Inhaltsermittlung nach ENGSTLER (6, S. 13ff.) die Sektionen der relativen Länge 0,2 L vollauf genügen. Als entscheidender Nachteil muß jedoch der Umstand betrachtet werden, daß zur Bestimmung von $\lambda_{0,9(15)}$ für Stämme unter 30 m Höhe die erste Meßstelle vom Boden aus unter 1 m Höhe am Stamm liegt und je nach Ausbildung des Wurzelanlaufs dadurch zu hohe Festgehalte im Vergleich zur starren 2 m-Sektionierung ermittelt werden könnten. Für einen 20 m hohen Stamm liegt bei Kubierung nach 15 Sektionen gleicher relativer Länge der Meßpunkt für die erste bei 0,67, bei einem 15 m hohen Stamm bei 0,50 m, bei noch niedrigeren Stämmen entsprechend noch tiefer. Es müßte dadurch nicht nur die Masse zu hoch berechnet, sondern durch Ermittlung etwas höherer Ausbauchungszahlen auch die unmittelbare Vergleichbarkeit zu $\lambda_{0,9}$ stark in Frage gestellt werden.

Die letzte Befürchtung auf Grund dieser eben angestellten theoretischen Erwägungen, daß eine Stammkubierung nach 15 Sektionen gleicher relativer Länge bei Schäften unter 30 m Länge einen systematischen positiven Massenfehler ergeben müsse, hat sich nach meinen diesbezüglichen Untersuchungen als unbegründet erwiesen. Ich konnte feststellen, daß die nach dieser Kubierungsmethode ermittelten Schaftholzmassen weitgehend unabhängig von Brusthöhendurchmesser, Baumhöhe und damit Masse selbst „statistisch nicht gesichert“ von den „wahren Werten“ abweichen. Als Beweis für diese These mögen einmal die Abb. 23–28 dienen, die als Beispiel aus dem weitaus umfangreicheren Gesamt-

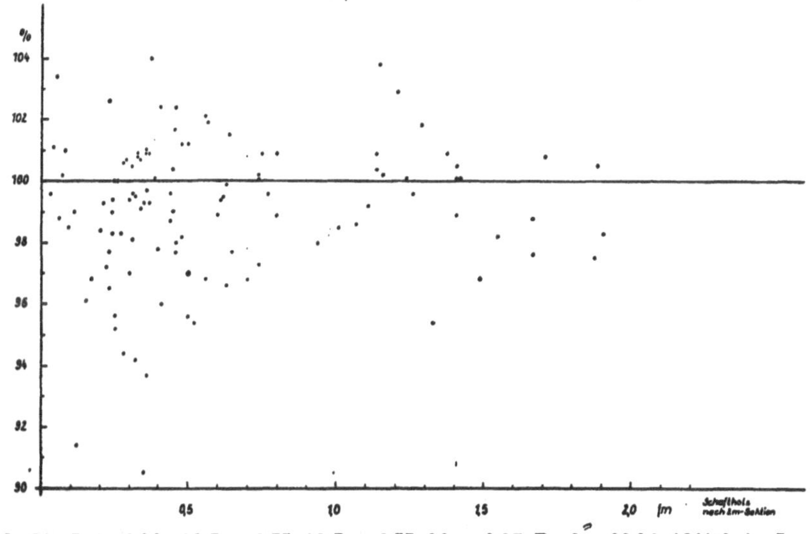

Abb. 23. Leinefelde 12 I und II, 13 I und II, 36 und 37, Buche, 69 bis 134jährig, I.–II. Ertragsklasse. Einzelstammweise Darstellung der Schaftholzmasse nach 5 Sektionen gleicher relativer Länge in Prozent der „wahren“ Masse über dieser „wahren“, nach starren 2 m-Sektionen ermittelten Masse.

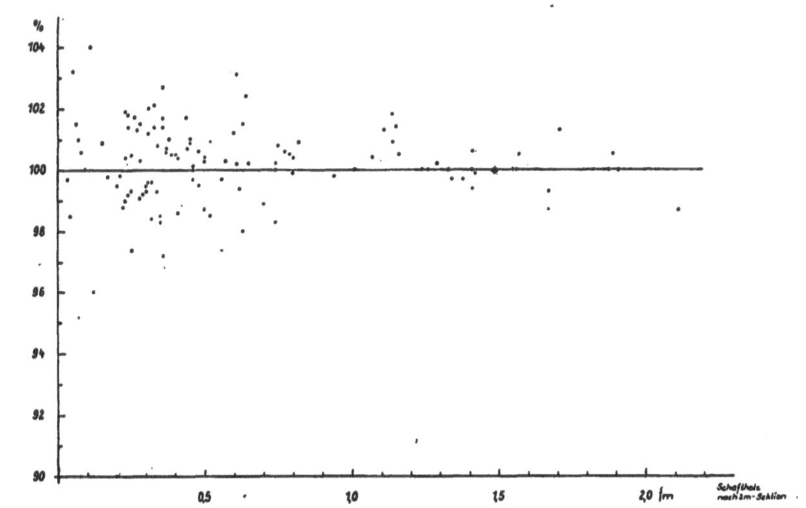

Abb. 24. Leinefelde 12 I und II, 13 I und II, 36 und 37, Buche, 69 bis 134jährig, I.–II. Ertragsklasse. Einzelstammweise Darstellung der Schaftholzmasse nach 15 Sektionen gleicher relativer Länge in Prozent der „wahren“ Masse über dieser „wahren“, nach starren 2 m-Sektionen ermittelten Masse.

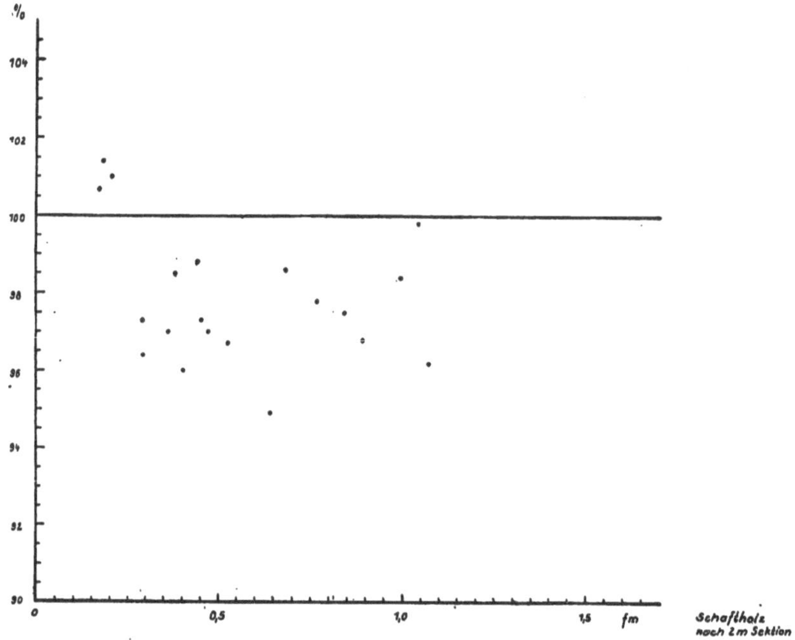

Abb. 25. Finowtal 121, 75jährige Douglasie, Mittelhöhe 24,7 m. Einzelstammweise Darstellung der Schaftholzmasse nach 5 Sektionen gleicher relativer Länge in Prozent der „wahren" Masse über dieser „wahren", nach starren 2 m-Sektionen ermittelten Masse.

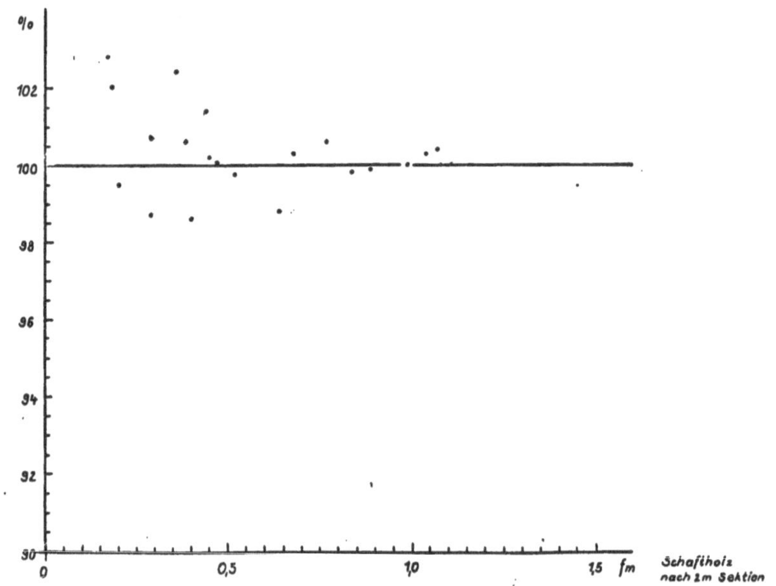

Abb. 26. Finowtal 121, 75jährige Douglasie, Mittelhöhe 24,7 m. Einzelstammweise Darstellung der Schaftholzmasse nach 15 Sektionen gleicher relativer Länge in Prozent der „wahren" Masse über dieser „wahren", nach starren 2 m-Sektionen ermittelten Masse.

material die weitgehende Übereinstimmung der Massenermittlung nach 15 Sektionen gleicher relativer Länge mit derjenigen nach starren 2 m-Sektionen und die systematische Abweichung der nach der reinen HOHENADL-Kubierung gewonnenen Schaftmasse von der „wahren" Masse zeigen. Es handelt sich dabei um das Aufnahmematerial 1954 der langfristigen Buchen-Durchforstungsflächen

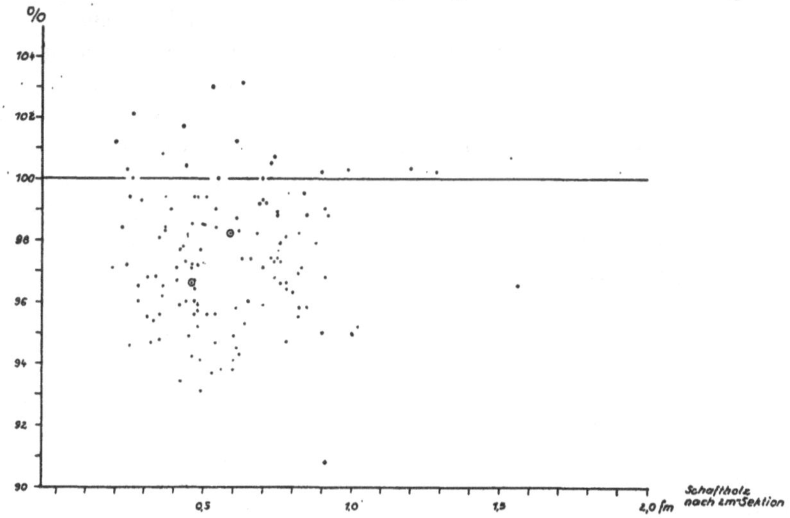

Abb. 27. Finowtal 211, 100jährige Kiefer, III.—IV. Ertragsklasse. Einzelstammweise Darstellung der Schaftholzmasse nach 5 Sektionen gleicher relativer Länge in Prozent der „wahren" Masse über dieser „wahren", nach starren 2 m-Sektionen ermittelten Masse.

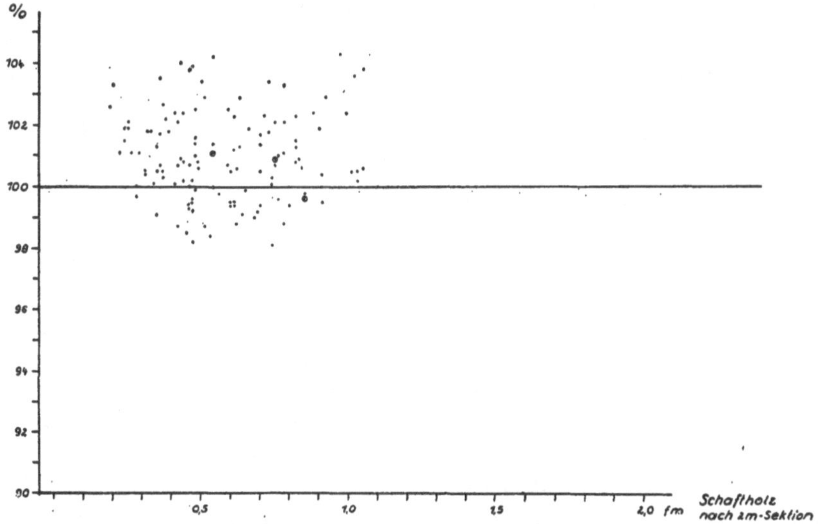

Abb. 28. Finowtal 211, 100jährige Kiefer, III.—IV. Ertragsklasse. Einzelstammweise Darstellung der Schaftholzmasse nach 15 Sektionen gleicher relativer Länge in Prozent der „wahren" Masse über dieser „wahren", nach starren 2 m-Sektionen ermittelten Masse.

Leinefelde 12 I und II, 13 I und II, 36 und 37 sowie um dasjenige der 1955 aufgenommenen Douglasienertragsprobefläche Finowtal 121. Eine mathematisch-statistische Beweisführung versuche ich zum andern über das Material der 139 Kahlschlagstämme des Kiefernbestandes Finowtal 211. Ich vergleiche zu diesem Zwecke zunächst die Gesamtschaftholzmasse dieses Bestandes, wie sie sich bei einer Aufmessung nach starren 2 m-Sektionen und bei einer solchen nach 5, 10 und 15 Sektionen gleicher relativer Länge ergab. Diesen nach 4 verschiedenen Kubierungsmethoden ermittelten Massen stelle ich des weiteren noch eine 5. Masse gegenüber, die ebenfalls auf der Basis der 15 Sektionen gleicher relativer Länge gewonnen wurde. Für die erste Sektion vom Boden aus wurde bei dieser Art der Massenermittlung jedoch stets der Durchmesser in 1 m über dem Boden, also derjenige der ersten starren 2 m-Sektion, zugrunde gelegt. Dadurch sollte der befürchtete systematische positive Massenfehler ausgeschaltet werden. Ich erhielt folgende Werte:

Kubierungsmethode	Schaftholzmasse	
	fm	%
2 m-Sektionierung	84,41588	100,00
5 Sektionen gleicher relativer Länge	82,19248	97,37
10 Sektionen gleicher relativer Länge	84,61027	100,23
15 Sektionen gleicher relativer Länge	85,07468	100,78
15 Sektionen gleicher relativer Länge; Mittendurchmesser der ersten Sektion jedoch stets in 1 m Höhe über dem Boden gemessen	83,44448	98,85

Der einfache Vergleich zeigt, daß die Massenermittlung HOHENADL dem „wahren“ Wert am wenigsten nahekommt und fast um −3% von diesem abweicht. Die Aufmessung der Stämme nach 10 Sektionen gleicher relativer Länge bringt erwartungsgemäß das dem „wahren“ Wert am nächsten kommende Ergebnis, da bei einer Mittelhöhe des untersuchten Bestandes von 18,5 m den 10 Sektionen gleicher relativer Länge annähernd 10 starre 2 m-Sektionen gegenüberstehen, so daß die Meßhöhen beider Verfahren sich decken. Die positive Abweichung der Masse nach 15 Sektionen gleicher relativer Länge von 0,78% ist geringer als die negative Abweichung von 1,15% der modifizierten Aufmessung nach 15 Sektionen gleicher relativer Länge.

Nicht mehr und nicht weniger sagen diese einfachen Prozentwerte aus. Eine varianzanalytische Auswertung der Untersuchungsergebnisse, mit deren Hilfe eine Aussage über die Homogenität der 5 ermittelten Gesamtmassen gemacht werden soll, hat wenig Sinn. Die Massenstreuung innerhalb der 139 Einzelstämme des untersuchten Bestandes ist infolge der unterschiedlich starken und hohen Einzelstämmen so groß, daß ihr gegenüber die durch die verschiedenen Meßverfahren bedingte relativ geringe Streuung der 5 Massen eines Einzelstammes überhaupt nicht ins Gewicht fällt. Die Varianzanalyse würde demnach bei Betrachtung der Gesamtmassen allein die Unterschiede in den Meßverfahren nicht befriedigend prüfen, wie ich mich davon auch überzeugen konnte. Es besteht danach noch nicht einmal ein signifikanter Unterschied zwischen den 84,41588 fm „wahrer“ Masse und den 82,19248 fm nach 5 Sektionen gleicher relativer Länge. Die Genauigkeit der 4 im Vergleich zur 2 m-Sektionierung untersuchten Kubizierungsverfahren wird daher über Einzelstämme des Finowtaler Bestandes betrachtet, die auf Grund ihrer annähernd gleichen Größenverhältnisse eine nur geringe Massenstreuung untereinander aufweisen und demnach auch in allen anderen massebildenden Faktoren vergleichbar sind. Es werden dazu die Meßdaten von je 17 HOHENADLschen Mittelstämmen aus dem ± 2 cm-Bereich von d_- und d_+ mit einer Höhenstreuung von $\pm 50-70$ cm herangezogen, von Stämmen also, für die bereits eindeutig bewiesen wurde, daß sie in jeder Hinsicht repräsentative Bestandesmittelstämme sind. Zur Auswertung gelangen demnach 10 Versuchsglieder mit je 17 Einzelwerten, wobei jeweils 5 Versuchsglieder die 5 verschiedenen Kubierungsmethoden für den d_-- bzw. d_+-Stamm darstellen. Um mit kleineren und völlig vergleichsfähigen Werten arbeiten zu können, gingen alle Einzelstamm-Massen jeweils in Prozent der „wahren“ 2 m-Sektionen-Masse in die Rechnung ein. Danach ergeben sich folgende mittlere Prozentwerte für die einzelnen Kubizierungsverfahren:

	2 m-Sektionen	Sektionen gleicher relativer Länge			
		5	10	15	15′
d_--Bereich 22,2—25,1 cm	100	97,57	101,01	101,34	98,80
d_+-Bereich 32,6—36,4 cm	100	97,75	99,81	100,78	99,20

Wie ersichtlich, decken sich die Werte der ausgewählten repräsentativen Einzelstämme im üblichen Fehlerrahmen mit den entsprechenden Werten des Gesamtbestandes, und auf Grund ihrer statistischen Vergleichbarkeit kann nunmehr über eine einfache Streuungszerlegung die unterschiedliche Genauigkeit der ausprobierten Kubizierungsverfahren getestet werden. Wir erhalten folgende Varianztabelle:

Tabelle 10

Streuung	Freiheitsgrad	Summe der Quadrate	Durchschnittsquadrat
Zwischen den Versuchsgliedern	9	257,27	28,58555
Innerhalb der Versuchsglieder .	160	508,96	3,18100
Insgesamt	169	766,23	—

Für den F-Test erhalten wir

$$F = \frac{\text{DQ (Zwischen den Versuchsgliedern)}}{\text{DQ (Innerhalb der Versuchsglieder)}} = \frac{28{,}58555}{3{,}18100} = 8{,}98634.$$

Dieser berechnete Wert von F folgt nicht der F-Verteilung, da wir in der Tabelle dafür (39, Taf. IV)

bei P = 0,001 und	$n_1 = 8$	$n_1 = 12$
$n_2 = 120$	3,546	3,016
$n_2 = \infty$	3,265	2,742

erhalten. Die Verteilung der Stichproben aus den einzelnen Kubizierungsverfahren ist demnach inhomogen. Es liegen „statistisch sehr gut gesicherte" Unterschiede zwischen mindestens 2 Mittelwerten und auch solche zum Versuchsdurchschnitt vor. Über den mittleren Fehler der Differenz der gesamten Untersuchung errechnen wir zum Zwecke des Tests spezieller Unterschiede die Grenzdifferenzen der gebräuchlichen Überschreitungswahrscheinlichkeiten und erhalten zunächst

$$s_d = \pm \sqrt{\frac{2\, s_x}{n}} = \pm \sqrt{2 \cdot \frac{3{,}18100}{17}} = \pm\, 0{,}61175$$

und daraus unter Zugrundelegung der Freiheitsgrade der Streuung „Innerhalb der Versuchsglieder"

$$GD_{5\%} = 1{,}975 \cdot 0{,}61175 = 1{,}2082$$
$$GD_{1\%} = 2{,}607 \cdot 0{,}61175 = 1{,}5948$$
$$GD_{0.1\%} = 3{,}352 \cdot 0{,}61175 = 2{,}0506.$$

Über diese Grenzdifferenzen lassen sich durch Kopfrechnung folgende Aussagen über die Genauigkeit der verschiedenen Meßmethoden in Finowtal 211 machen:

1. Im ± 2 cm-Durchmesserbereich beider HOHENADLscher Mittelstämme weicht nur die Schaftholzmasse HOHENADL von der „wahren" Schaftholzmasse „statistisch sehr gut gesichert" ab. Die Massendifferenzen der drei übrigen Aufmeßmethoden liegen bis auf diejenigen mit 15 Sektionen gleicher relativer Länge im d_--Bereich, die hier einen gerade noch signifikanten Unterschied aufweist, innerhalb $GD_{5\%}$, d. h., diese Aufmeßmethoden arbeiten mit derselben Genauigkeit wie die als richtig angesehene Sektionierung nach starren 2 m-Sektionen.
2. Die Modifizierung der Meßmethode nach 15 Sektionen gleicher relativer Länge durch Einsetzen von $d_{1,0}$ für $d_{\frac{29}{30}}$ bringt gegenüber der Normalform selbst in diesem extremen Beispiel (Höhen unter 20 m, hohe Werte für q_H) keine wesentliche Erhöhung der Meßgenauigkeit.
3. Bei gleicher Kubierungsmethode besteht in keinem Fall zwischen den d_-- und d_+-Stämmen ein signifikanter Massenunterschied. Alle Verfahren arbeiten demnach unabhängig von Durchmesser, Baumhöhe und Schaftmasse mit derselben Genauigkeit. Diese Tatsache kann jedoch nicht allgemein Gültigkeit besitzen. Nach der ENGSTLERschen Beweisführung, daß z. B. die systematischen Massendifferenzen der HOHENADL-Sektionierung weitgehend

von q_H abhängig sind, muß bei gleichsinnigem Anwachsen von q_H mit dem Brusthöhendurchmesser auch der Massenfehler dieser Methode mit wachsendem Durchmesser steigen.

Vorstehende Untersuchungsergebnisse widerlegen also im Verein mit den Darstellungen in Abb. 23—28 die theoretisch begründete Annahme, durch Anwendung der Stammsektionierung nach 15 Sektionen gleicher relativer Länge könne die Schaftmasse infolge zu weiten Hinabreichens der ersten Meßstelle in den Wurzelanlauf — besonders bei niedrigen Stämmen — zu hoch ermittelt werden. Besonders Abb. 24 zeigt sehr anschaulich eine an sich normale $\pm$-Abweichung der auf Grund von 15 Sektionen ermittelten Massen vom „wahren" Wert. Dabei sind in dieser Abbildung Buchen sehr unterschiedlichen Durchmessers bei Schaftlängen von 15 bis 38 m enthalten. Auch nach meinen weiteren diesbezüglichen Untersuchungen an mehreren Holzarten wird mit Hilfe der Kubierungsmethode nach 15 Sektionen gleicher relativer Länge praktisch für alle Schaftlängen und Schaftformen dieselbe Genauigkeit der Schaftinhaltsermittlung wie über starre 2 m-Sektionen erreicht. Dies bedeutet jedoch, daß selbst im Versuchswesen von der Aufmessung nach starren 2 m-Sektionen abgegangen werden kann, ohne die Vergleichbarkeit zu dieser bisher üblichen Meßmethode einzubüßen. Auf diese Weise gestaltet sich das vorgeschlagene Meßverfahren sogar sehr rationell, ganz besonders natürlich für alle längeren Stämme. Es ist außer den Kluppungen für die Mittendurchmesser der 15 Sektionen gleicher relativer Länge zusätzlich nur noch der Brusthöhendurchmesser zu messen, um mit gleicher Genauigkeit wie über 2 m-Sektionen die Schaftholzmasse zu bestimmen und gleichzeitig die Werte für die echte Ausbauchungsreihe zur Schaftformdarstellung im Sinne HOHENADLs zu bekommen.

$\lambda_{0,9(15)}$ ist nach meinen Untersuchungen allerdings nicht unmittelbar mit $\lambda_{0,9}$ vergleichbar, sondern liegt durchschnittlich um 0,010—0,020 höher. Da die 15 Sektionen gleicher relativer Länge jedoch die 5 HOHENADL-Sektionen einschließen, gehen zum unmittelbaren Vergleich mit $\lambda_{0,9}$ jeweils nur die η_i-Werte der mit den HOHENADL-Sektionen identischen 2., 5., 8., 11. und 14. Sektion dieser 15 Sektionen in die Rechnung zur Herleitung der echten Formzahl ein.

Im selben Rechengang kann selbstverständlich zur Darstellung ganz spezieller Schaftformen — ich denke dabei an die aufgebauchten unteren Schaftteile von Thuja plicata, die mit nur 5 Sektionen in ihrer Form nicht zu erfassen sind — über die gesamten 15 echten Ausbauchungswerte $\lambda_{0,9(15)}$ berechnet werden. Statt der Berechnung nach umstehender Gleichung (a) ist dann diejenige nach Gleichung (b) erforderlich.

Um ein klares Bild von den Meß- und Rechenarbeiten für die sektionsweise Kubierung nach 15 Sektionen gleicher relativer Länge zu bekommen, betrachten wir die Aufmessung und Formzahlberechnung des 75jährigen Douglasienstammes Nr. 383 der Douglasien-Ertragsprobefläche Finowtal 121. Dieser Stamm ist einschließlich des Stockholzes bis zu seiner höchsten Nadel 25,6 m lang (Längenangaben stets in ganzen Dezimetern). Der 2 Mann starke Meßtrupp hat diese Länge durch Auflegen des Bandmaßes auf den

$$
\begin{array}{lcl}
\text{(a)} & & \text{(b)} \\
 & & \lambda_{0,9(15)} = \frac{1}{15} \cdot (\eta^2_{\frac{29}{30}} \\
\lambda_{0,9} = \frac{1}{5} \cdot (\eta^2_{0,9} & \longleftrightarrow & + \eta^2_{\frac{27}{30}} \\
 & & + \eta^2_{\frac{25}{30}} \\
 & & + \eta^2_{\frac{23}{30}} \\
+ \eta^2_{0,7} & \longleftrightarrow & + \eta^2_{\frac{21}{30}} \\
 & & + \eta^2_{\frac{19}{30}} \\
 & & + \eta^2_{\frac{17}{30}} \\
+ \eta^2_{0,5} & \longleftrightarrow & + \eta^2_{\frac{15}{30}} \\
 & & + \eta^2_{\frac{13}{30}} \\
 & & + \eta^2_{\frac{11}{30}} \\
+ \eta^2_{0,3} & \longleftrightarrow & + \eta^2_{\frac{9}{30}} \\
 & & + \eta^2_{\frac{7}{30}} \\
 & & + \eta^2_{\frac{5}{30}} \\
+ \eta^2_{0,1}) & \longleftrightarrow & + \eta^2_{\frac{3}{30}} \\
 & & + \eta^2_{\frac{1}{30}})
\end{array}
$$

Die Pfeile zwischen den beiden Gleichungen markieren die Ausbauchungswerte, die miteinander identisch sind.

sauber bis zur Spitze ausgeasteten Schaft festgestellt, wobei die 1,3m-Marke des Bandmaßes auf dem Meßkreuz des Stammes, also in 1,3 m Baumhöhe — vom Boden aus gerechnet — lag. Der Kluppführer des Meßtrupps hat diese Gesamtlänge des Schaftes dem am Stammfuß auf dem Bandmaß sitzenden Schreiber zugerufen. Dieser trägt Gesamtlänge und Derbholzlänge, die vom Kluppführer mit Hilfe einer Derbholzgabel inzwischen ebenfalls ermittelt wurde, in das Sektionsmanual ein. In dieses Manual sind dann unter den beiden Längenangaben die einzelnen Meßstellen für die Sektionierung zu schreiben. Diejenigen für die Sektionen gleicher relativer Länge werden einer Tabelle in Notizbuchformat entnommen, wie sie für alle vorkommenden Baumlängen, am zweckmäßigsten wohl im Bereich zwischen 10 und 40 m, abgestuft nach ganzen Dezimetern, berechnet werden kann. Nach der Kluppung über Kreuz auf Millimeter genau enthält das Sektionsmanual (Übersicht 4) die linken 3 Spalten, womit die Arbeiten für die Außenaufnahmen abgeschlossen sind.
In Auswertung der Meßergebnisse werden nun jeweils die beiden Durchmesser gemittelt und in Spalte 5 nach Division durch $d_{0,9} = d_{\frac{27}{30}}$ als echte Ausbauchungswerte vermerkt. In der Spalte 6 der quadrierten η_i-Werte muß zur Berechnung von $\lambda_{0,9}$ zunächst die Summe der kursiv gedruckten Werte, die mit

$$\eta^2_{0,9}, \quad \eta^2_{0,7}, \quad \eta^2_{0,5}, \quad \eta^2_{0,3} \text{ und } \eta^2_{0,1}$$

identisch sind, als Zwischensumme gebildet werden. Im gleichen Rechengang ergibt sich durch Hinzufügen der weiteren 10 η_i^2-Werte zu dieser Zwischensumme die Summe des Zählers der Gleichung (b). $\lambda_{0,9}$ bzw. $\lambda_{0,9(15)}$ ergeben sich nun durch Division der „Zwischensumme“ durch die Zahl 5 bzw. durch Dividieren der „Gesamtsumme“ durch die Zahl 15. Wie aus Übersicht 4 ersichtlich, unterscheiden sich bei diesem darin untersuchten Douglasienstamme die beiden Formzahlwerte zufällig unerheblich. Zu unmittelbaren Vergleichszwecken mit z. B. süddeutschen $\lambda_{0,9}$-Angaben für Douglasie wäre natürlich der Wert $\lambda_{0,9} = 0,4770$ zu benutzen.
Die weitere Anwendung der eben beschriebenen Sektionierungsmethode ist unter 41 ersichtlich.

Am Schluß vorliegender Betrachtungen sei noch erwähnt, daß es sowohl theoretisch als auch praktisch möglich ist, bei der Sektionierung nach Sektionen gleicher relativer Länge gemäß des unterschiedlichen Einflusses der unteren und oberen Stammteile auf die Gesamtschaftmasse die Anzahl der Sektionen — gewissermaßen durch Stratifikation — zu variieren.

Übersicht 4

Manual für sektionsweise Kubizierung nach 15 Sektionen gleicher relativer Länge.
Versuchsfläche Finowtal 121, aufgenommen am 29. 6. 1955.
Douglasie Nr. 383, Länge = 25,60 m, $d_{1,3}$ = 347 mm

Meßstellen am Stamm m	Durchmesser über Kreuz mm		Mittlerer Durchmesser mm	η_i	η_i^2
1	2	3	4	5	6
0,85	353	367	360	1,091	1,190
2,56	329	331	330	*1,000*	*1,000*
4,27	304	303	304	0,921	0,848
5,97	279	281	280	0,848	0,719
7,68	272	270	271	*0,821*	*0,674*
9,39	251	253	252	0,764	0,584
11,09	245	243	244	0,739	0,546
12,80	226	223	224	*0,679*	*0,461*
14,51	193	207	200	0,606	0,367
16,21	176	182	179	0,542	0,294
17,92	155	155	155	*0,470*	*0,221*
19,63	132	128	130	0,394	0,155
21,33	100	98	98	0,300	0,090
23,04	55	56	56	*0,170*	*0,029*
24,75	14	14	14	0,042	0,002

$\lambda_{0,9} = \mathit{2,385} : 5 = \mathit{0,4770}$ $\qquad \Sigma \eta_i^2 \lambda_{0,9} = \mathit{2,385}$

$\lambda_{0,9(15)} = 7{,}180 : 15 = 0{,}4787$ $\qquad \Sigma \eta_i^2 \lambda_{0,9(15)} = 7{,}180$

Bei annähernd gleicher Meßgenauigkeit könnten demzufolge die unteren $^1/_5$ bis $^3/_5$ des Stammes mit 3 bis 9 „15er Sektionen" und die oberen $^4/_5$ bis $^2/_5$ mit 4 bis 2 „5er Sektionen" aufgenommen werden. Dadurch wird das Verfahren rein meßtechnisch rationalisiert, für die rechnerische Auswertung allerdings weitaus diffiziler gestaltet.

Erwähnt werden müssen weiterhin die Beziehungen zwischen $\lambda_{0,9(15)}$ und $d_{1,3}$, die logischerweise dieselbe Bedeutung haben wie diejenigen zwischen $\lambda_{0,9}$ und $d_{1,3}$, sobald $\lambda_{0,9(15)}$ in der gleichen Weise wie $\lambda_{0,9}$ angewandt wird. Für den Kiefernkahlschlag Finowtal 211 fand ich für diese Beziehung (Abb. 22) einen Korrelationskoeffizienten

$$r = -0{,}0527 \pm 0{,}0846,$$

der unerheblich höher als derjenige für die Korrelation $\lambda_{0,9}/d_{1,3}$ liegt und nach Vergleich von

$$t = \frac{r}{\sqrt{1 - r^2}} \sqrt{N - 2} = \frac{0{,}0527}{\sqrt{1 - 0{,}0028}} \cdot \sqrt{137} = 0{,}6177$$

mit den Werten der t-Verteilung für P = 0,05 bei n = 120 bzw. 140 – 1,980 bzw. 1,977 – sich als nicht signifikant von Null abweichend herausstellte. Auch für die anderen untersuchten Bestände trifft nach den graphischen Darstellungen sehr augenfällig diese Unabhängigkeit der beiden Veränderlichen zu. Ebenso ähneln die Streuungsverhältnisse ganz und gar denjenigen der HOHENADLschen $\lambda_{0,9}$-Werte. Die Streuung um den Mittelwert ist jedenfalls nicht merkbar höher als bei $\lambda_{0,9}$, so daß $\lambda_{0,9(15)}$ bei gleicher Probestammzahl mit derselben Genauigkeit wie $\lambda_{0,9}$ hergeleitet werden kann.

Zum Schluß des Kapitels sei nochmals betont, daß wir in der Kubizierungsmethode nach 15 Sektionen gleicher relativer Länge eine Meßmethode gefunden haben, die unter Verzicht auf starre 2 m-Sektionen dennoch „wahre", mit dem bisherigen Meßverfahren vergleichbare Massenwerte liefert und über die sich gleichzeitig ergebenden echten Ausbauchungswerte einen exakten Formigkeitsvergleich gestattet.

242 *Untersuchungen über den HOHENADLschen Formquotienten* q_H *und ein Vorschlag für seine einfachere und genauere Bestimmung*

242.1 *Die Abhängigkeitsverhältnisse zwischen* q_H^2 *und Brusthöhendurchmesser sowie Baumhöhe*

Der HOHENADLsche Formquotient ist nicht nur zur Umrechnung der echten Schaftholzformzahl $\lambda_{0,9}$ in die unechte Schaftholzformzahl $f_{1,3}$ von entscheidender Bedeutung, sondern hat zweifellos als ein den Wurzelanlauf beschreibender Formquotient – und zwar als ein *unechter Formquotient*, da er sich auf den Brusthöhendurchmesser und nur auf einen Durchmesser in relativer Höhe am Stamm bezieht – einen Einfluß auf Formzahl und Stamm-Masse, den wir vorläufig noch nicht abzusehen imstande sind. Auf diese Eigenschaften von q_H soll jedoch erst im Kapitel 25 eingegangen werden. Hier interessiert der HOHENADLsche Quotient nur im Hinblick auf seine Anwendung im HOHENADL-Massenermittlungsverfahren und zur Darstellung des Verhältnisses $d_{1,3} : d_{0,9}$.

Nach HOHENADL haben bisher KRENN (32) und PRODAN (50) q_H einigen Betrachtungen unterzogen. Ihnen verdanken wir die Erkenntnisse, daß „der Quotient q_H nicht nur von Holzart und Standort, sondern auch von den absoluten Maßen des Stammes (Brusthöhendurchmesser und Baumhöhe) abhängt. Dadurch stellt er einen störenden Faktor dar. Die Gesetzmäßigkeiten zwischen der echten Schaftholzformzahl und der Stammform sind deshalb in der unechten Formzahl verwischt" (50, S. 25). Beide Autoren der „Freiburger Schule" vertreten die Ansicht, daß das Streuband von q_H^2 über $d_{1,3}$ trotz komplizierter Natur der Zusammenhänge in den meisten Fällen durch eine Gerade ausgeglichen werden könne, die mit zunehmendem Brusthöhendurchmesser steigt. KRENN gibt Rahmenwerte für die Streuung um die q_H^2-Ausgleichsgerade (32, S. 91), die zwischen 3,4 und 6,9% des q_H^2-Mittelwertes liegen und damit dieselbe Größenordnung wie die Streuwerte von $\lambda_{0,9}$ haben. q_H^2 kann demnach bei gleicher Probestammzahl mit derselben Genauigkeit wie $\lambda_{0,9}$ ermittelt werden.

Auf Grund seiner Verwendung im HOHENADL-Verfahren wurde q_H^2 bisher vorzugsweise in seinen Beziehungen zum Brusthöhendurchmesser betrachtet, obwohl es rein nach seiner Definition als unechter Formquotient

$$q_H^2 = \left(\frac{d_{1,3}}{d_{0,9}}\right)^2$$

auch sehr stark von der Baumhöhe abhängig sein muß. PRODAN (50, S. 113) deutet dies an: „Mit zunehmender Höhe wächst auch q_H, weil der Brusthöhendurchmesser relativ immer tiefer im Bereich des Wurzelanlaufs liegt als die Meßstelle von $d_{0,9}$“. Die Abteilung Ertragskunde hat daher in der bereits zitierten Diplomarbeit von WEISS (62) nicht nur die Abhängigkeit zwischen q_H^2 und $d_{1,3}$, sondern auch diejenige zwischen q_H^2 und h untersuchen lassen. Aus den diesbezüglichen WEISSschen Untersuchungsergebnissen von 5 untereinander sehr unterschiedlichen Brandenburger und Thüringer Kiefernbeständen (ihre ertragskundlichen Daten wurden in zusammengedrängter Form auf S. 30 bereits erwähnt) geht ganz allgemein hervor, daß die Beziehung der q_H-Werte zur Baumhöhe in allen Beständen wesentlich enger als zum Brusthöhendurchmesser ist. WEISS findet für die erstere Abhängigkeit Korrelationskoeffizienten zwischen r = 0,2880 und 0,7517, für die zweite solche von r = 0,0520 bis 0,4412. Wenn leider auch hier wiederum weder Linearität der Regression noch Existenz der Korrelationskoeffizienten geprüft wurden und daher der Beweis für das wirkliche

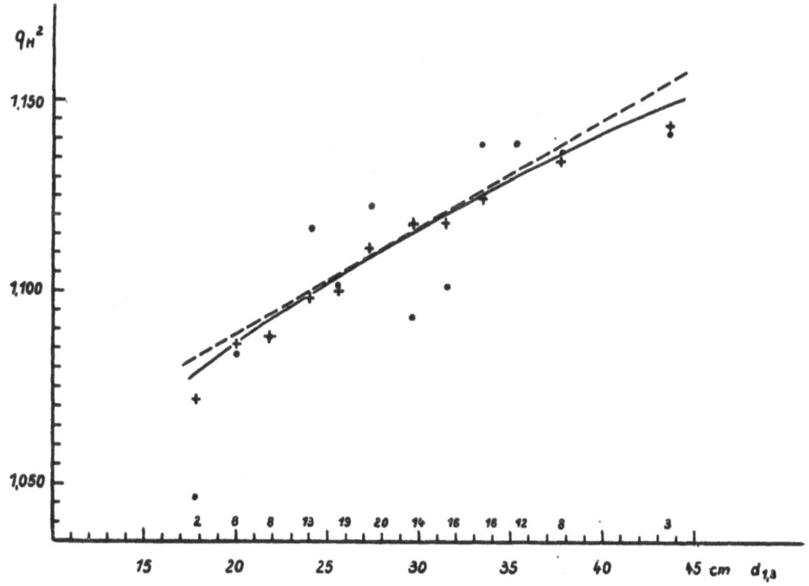

Abb. 29. Finowtal 211, Kiefer. q_H^2 über $d_{1,3}$.

– – – – rechnerische Ausgleichslinie in Form der Funktion 1. Grades $q_H^2 = 1,032 + 0,002824\, d_{1,3}$

——— rechnerische Ausgleichslinie in Form der Funktion 2. Grades $q_H^2 = 1,004518 + 0,0047425\, d_{1,3} - 0,00003241\, d_{1,3}^2$

+ + + + über $d_{0,9} = f(d_{1,3})$ berechnete q_H^2-Werte (siehe unter 242.2)

Vorliegen einer linearen Korrelation nicht erbracht wurde, unterstreichen die errechneten Koeffizienten auf Grund ihrer großen Unterschiede und teilweise sehr niedrigen Werte nochmals die komplizierte Natur des gesamten Fragenkomplexes.

Aus dem Material der Abteilung Ertragskunde habe ich wieder dasjenige des Kiefernkahlschlagbestandes Finowtal 211 herausgesucht, um an diesen 139 „wahren" Einzelstamm-Werten das Abhängigkeitsverhältnis $q_H^2/d_{1,3}$ genauer zu untersuchen.

Aus Abb. 29, in der dieses Verhältnis graphisch dargestellt ist, geht hervor, daß die rechnerische Ausgleichslinie in Form einer Funktion 2. Grades das Streuband der q_H^2-Werte besser ausgleicht als die berechnete Ausgleichsgerade. Eine Linearitätsprüfung über den FISHER-LINDERschen Prüftest (9, 39) ergab jedoch, daß das Ausgleichsverfahren der linearen Regression rein statistisch gesehen anwendbar ist, da

$$F = \frac{\text{Durchschnitt der Quadratsummen „Um Regressionsgerade"}}{\text{Durchschnitt der Quadratsummen „Innerhalb der Spalten"}} = \frac{32{,}0839}{32{,}5577} < 1.$$

Die berechneten beiden Korrelationskoeffizienten für lineare Regression und für die Abhängigkeit in Form einer Funktion 2. Grades,

$$r = 0{,}2614 \pm 0{,}0790 \text{ und } r = 0{,}2347 \pm 0{,}0801,$$

zeigen im vorliegenden Falle ein nur loses Abhängigkeitsverhältnis zwischen q_H^2 und $d_{1,3}$ an. Diese Abhängigkeit wurde für noch 2 weitere Bestände mit Hilfe mathematisch-statistischer Rechenmethoden geprüft. Für das Probestamm-Material von Benneckenstein 62/65 I — Fichte, Schiffeldurchforstung — und Eldena 70 — Roteiche, Ertragsprobefläche — von jeweils etwa 50 Stämmen errechneten sich mit $r > 0{,}500$ höhere Korrelationskoeffizienten als für Finowtal 211. Die Linearität der Regression war dagegen nur im Falle der Harzer Fichtenfläche gesichert. Auch aus den graphischen Darstellungen des Verhältnisses $q_H^2/d_{1,3}$ weiterer untersuchter Bestände, die nicht rechnerisch ausgewertet wurden, geht deutlich hervor, daß das Streuband der q_H^2-Werte über $d_{1,3}$ ein ausgesprochener Grenzfall für einen linearen Ausgleich oder einen solchen in Form einer Funktion 2. Grades ist.

242.2 *Die Herleitung von q_H über das Verhältnis $d_{0,9}/d_{1,3}$*

Bei meinen unter 41 behandelten Untersuchungen über die Möglichkeiten des Einbaues einer echten Schaftholzformzahl in das „Eberswalder Massenberechnungsverfahren" stieß ich zwangsläufig auf die Notwendigkeit, für bestimmte $d_{1,3}$-Werte die dazu gehörenden $d_{0,9}$-Werte ermitteln zu müssen.

Die dafür anwendbaren Interpolationsverfahren auf doppelt logarithmisch geteiltem Papier (17, 2) sind kompliziert und bringen nur zum Teil befriedigende Ergebnisse. Eine andere Möglichkeit, dieses Problem zu lösen, besteht darin, diese gesuchten $d_{0,9}$-Werte einfach aus den ohnehin gemessenen q_H-Werten herzuleiten. Dies müßte über den Ansatz

$$d_{0,9} = \frac{d_{1,3}}{q_H}$$

geschehen. Wenn nun aber zwischen q_H und $d_{1,3}$ mehr oder weniger enge Beziehungen bestehen, so konnten die gleichen auch für das Verhältnis zwischen $d_{0,9}$ und $d_{1,3}$ vermutet werden.

Ich brachte daher einmal über den 2 cm-Durchmesserklassen-Mittelwerten von $d_{1,3}$ meiner Finowtaler Kahlschlagaufnahme die entsprechenden Mittelwerte von $d_{0,9}$ zur Darstellung und zum anderen als Vergleich über den Mittelhöhen dieser 2 cm-$d_{1,3}$-Klassen ebenfalls wieder dieselben $d_{0,9}$-Mittelwerte (Abb. 30). Das Ergebnis ist eindeutig. Zwischen $d_{0,9}$ und $d_{1,3}$ besteht — schon rein visuell feststellbar — ein sehr straffer linearer Zusammenhang, zwischen $d_{0,9}$ und h ein nicht minder straffer in Form einer Gleichung 2. Grades. Die exakte Beweisführung für die zu erwartende hohe Korrelation führe ich über die 139 Einzelwerte der beiden Veränderlichen $d_{0,9}$ und $d_{1,3}$, während die entsprechende graphische Darstellung in Abb. 30 nur der Einfachheit halber und der besseren Übersichtlichkeit wegen in Form der Mittelwerte der 2 cm-Durchmesserstufen erfolgte. Gleichzeitig gebe ich für noch 2 weitere Beispiele die über Einzelwerte berechneten Korrelationskoeffizienten für das Verhältnis $d_{0,9}/d_{1,3}$ in der folgenden Übersicht 5 (siehe hierzu auch die Abb. 30—32).

Übersicht 5

Versuchsfläche	Hiebsart	Zahl der Probestämme	Korrelationskoeffizient r für $d_{0,9}/d_{1,3}$	Gleichung der Ausgleichsgeraden	Streuung um Ausgleichsgerade in %
1	2	3	4	5	6
Finowtal 211 Kiefer	Kahlschlag nach starker Niederdurchf.	139	$0{,}9900 \pm 0{,}0017$	$d_{0,9} = 9{,}634 + 0{,}914\, d_{1,3}$	2,80
Bennecken-stein 62/65 I Fichte	Schiffel-durch-forstung	44	$0{,}9966 \pm 0{,}0010$	$d_{0,9} = 9{,}555 + 0{,}924\, d_{1,3}$	1,85
Leinefelde 12 I Buche	starke Hochdurchf.	41	$0{,}9960 \pm 0{,}0012$	$d_{0,9} = 3{,}775 + 0{,}946\, d_{1,3}$	1,67

Die Korrelationskoeffizienten zeigen alle drei eine fast funktionale Abhängigkeit zwischen $d_{0,9}$ und $d_{1,3}$ an und weichen — wie die in diesem Falle an sich überflüssigen Existenzprüfungen ergaben — sämtlich „statistisch sehr gut gesichert“

von Null ab. Die Streuung um die berechneten Regressionsgeraden ist dermaßen gering, daß unter Zugrundelegung einer Überschreitungswahrscheinlichkeit von $P = 5\%$ nur 4 kombinierte $d_{0,9}/d_{1,3}$-Messungen in einem Bestand notwendig wären, um diese Ausgleichsgerade mit einer Genauigkeit von $G = 2\%$ festzulegen. Diese Zahl der erforderlichen Messungen errechnet sich über den Ansatz

$$N = \left(\frac{s_x\% \cdot t_{0,05}}{G\%}\right)^2 = \left(\frac{2\% \cdot 2}{2\%}\right)^2 = 4.$$

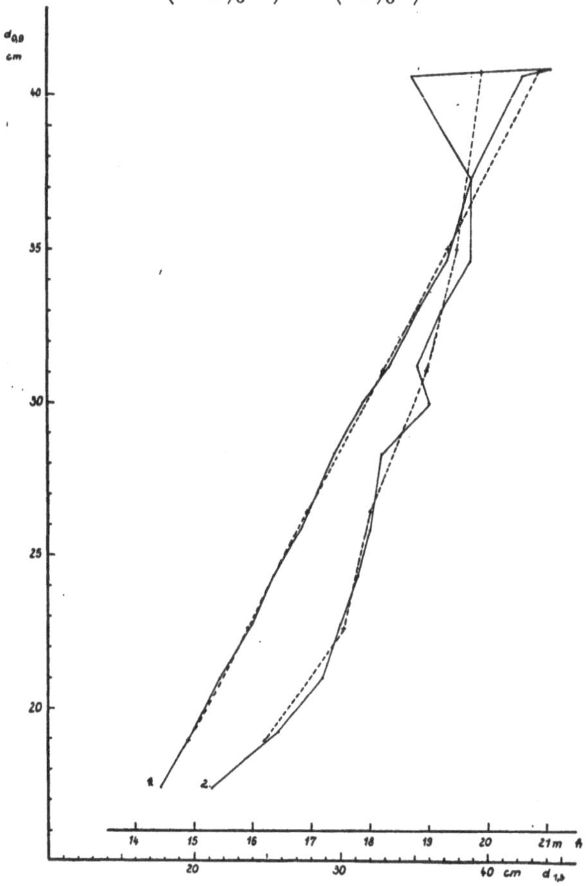

Abb. 30. Finowtal 211, Kiefer.

1. ——— = $d_{0,9}$ über 2 cm-Durchmesserstufenmittelwerten;
— — — = $d_{0,9}$ über 5 cm-Durchmesserklassenmittelwerten; in beiden Fällen linearer Ausgleich.

2. ——— = $d_{0,9}$ über den Mittelhöhen von 2 cm-Durchmesserstufen;
— — — = $d_{0,9}$ über den Mittelhöhen von 5 cm-Durchmesserklassen; in beiden Fällen annähernd der Ausgleich über eine Funktion 2. Grades.

In der Praxis der Massenermittlung nach HOHENADL oder mit Hilfe des „Eberswalder Massenberechnungsverfahrens" in der unter 41 vorgeschlagenen modifizierten Form werden jedoch erheblich mehr Probestämme zur Bestimmung der echten Schaftholzformzahl bzw. der echten Ausbauchungsreihe nötig sein, so daß bei dieser Gelegenheit nicht nur die erforderlichen 4 Meßwerte $d_{0,9}/d_{1,3}$, sondern mindestens 10—20 anfallen. Diese von Meßfehlern weitgehend freien $d_{0,9}$- und $d_{1,3}$-Werte werden in einem Koordinatensystem dargestellt und graphisch durch eine Gerade ausgeglichen. Daraus kann dann für jeden beliebigen

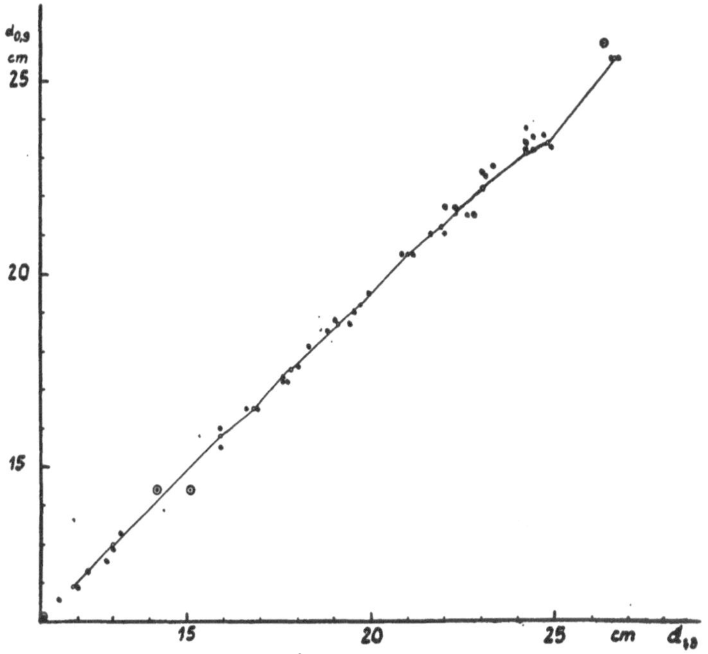

Abb. 31. Benneckenstein 62/65 I, Fichte. $d_{0,9}$ über $d_{1,3}$ von 44 Durchforstungsstämmen.

$d_{1,3}$-Wert der dazugehörende $d_{0,9}$-Wert sicher abgelesen werden, jedenfalls sicherer, bequemer und auch gefahrloser als mit Hilfe von Teletop, Hochkluppe oder Leitermessung am stehenden Stamm. Für das HOHENADL-Verfahren können anschließend $q_{H}\frac{2}{-}$ und $q_{H}\frac{2}{+}$ aus den graphisch ermittelten $d_{0,9}$- und $d_{1,3}$-Werten berechnet werden.

Die Gründe für die enge Abhängigkeit zwischen $d_{0,9}$ und $d_{1,3}$ sind naheliegend. $d_{1,3}$ und $d_{0,9}$ weichen in ihren absoluten Größen nur unwesentlich voneinander ab, wobei die Abweichung gleichsinnig mit dem Wachsen der absoluten Werte wächst. Es werden also nahezu gleich große Werte zueinander in Beziehung gebracht, so daß zwangsläufig diese straffe Korrelation auftreten muß. Etwa vorkommende „Ausreißer“ bei diesen Gegebenheiten, also sehr niedrige oder hohe $d_{0,9}$-Werte für ein bestimmtes $d_{1,3}$, sind besonders im Vergleich zu den Absolutwerten von $d_{0,9}$ und $d_{1,3}$ derart gering, daß sie gar nicht ins Gewicht fallen und die Straffheit der Beziehung beeinflußen können. Ähnliche Verhältnisse liegen übrigens beim Vergleich des Brusthöhendurchmessers mit Rinde mit dem ohne Rinde vor, wie er zur Gewinnung von Rindenprozenten angestellt wurde. Die Anwendung eines rechnerischen oder graphischen Ausgleichsverfahrens zur Herleitung der einen dieser absolut nahezu gleich großen Veränderlichen aus der anderen scheint mir bei beiden eben erwähnten Beziehungen gerechtfertigt. Zur Erlangung wirklich bestandesindividueller Werte muß dieser Ausgleich jedoch mit ganz besonderer Sorgfalt und Genauigkeit durchgeführt werden.

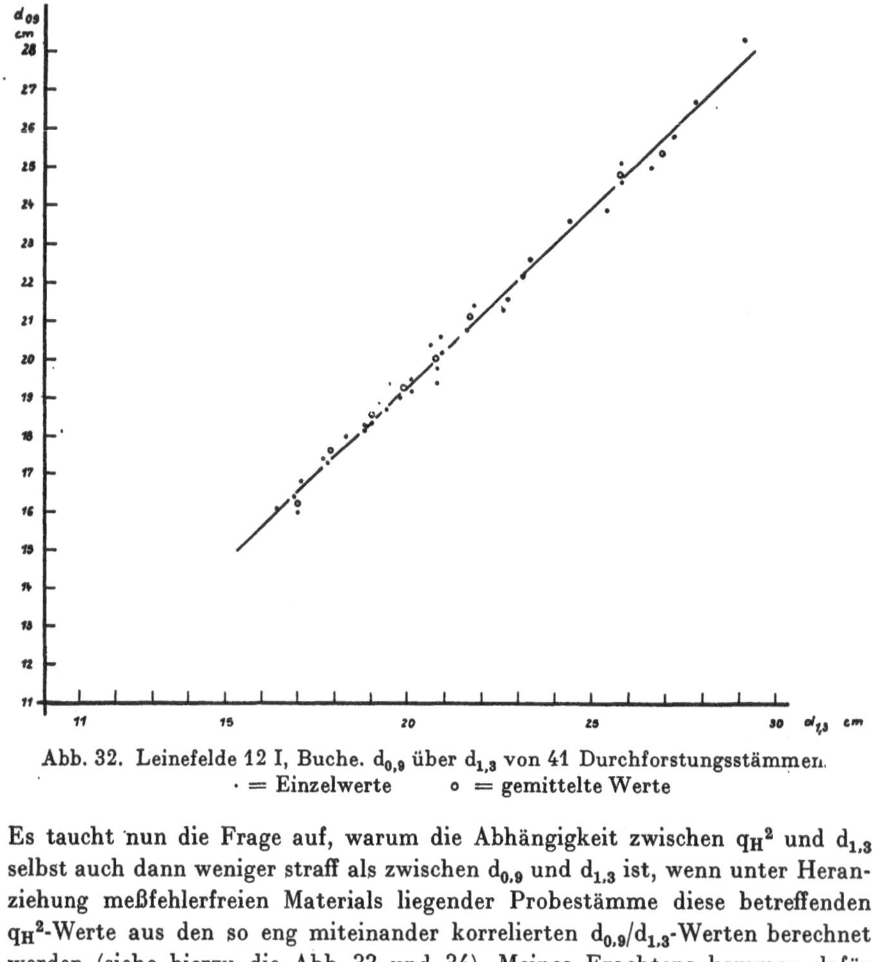

Abb. 32. Leinefelde 12 I, Buche. $d_{0,9}$ über $d_{1,3}$ von 41 Durchforstungsstämmen.
· = Einzelwerte o = gemittelte Werte

Es taucht nun die Frage auf, warum die Abhängigkeit zwischen q_H^2 und $d_{1,3}$ selbst auch dann weniger straff als zwischen $d_{0,9}$ und $d_{1,3}$ ist, wenn unter Heranziehung meßfehlerfreien Materials liegender Probestämme diese betreffenden q_H^2-Werte aus den so eng miteinander korrelierten $d_{0,9}/d_{1,3}$-Werten berechnet werden (siehe hierzu die Abb. 33 und 34). Meines Erachtens kommen dafür folgende Gründe in Frage:

1. Die Höhe des Korrelationskoeffizienten r und damit die Straffheit der Abhängigkeit zweier korrelierter Variabler hängt nach der Definition

$$r = \frac{\frac{[T \cdot Y]}{N} - \overline{XY}}{\sigma_x \cdot \sigma_y}$$

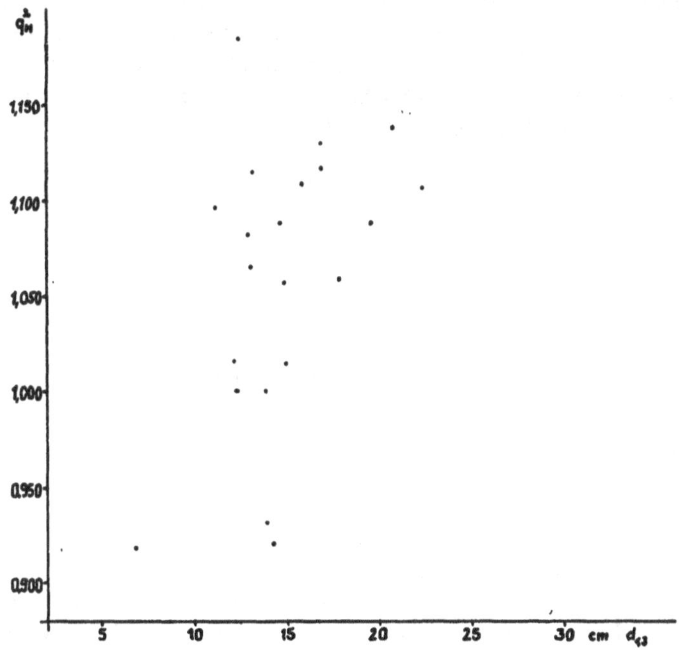

Abb. 33. Finowtal 260, Kiefer, 36jährig. q_H^2 über $d_{1,3}$ von 25 bestandesrepräsentativen Probestämmen: eine stark streuende, schwierig ausgleichbare „Punktwolke".

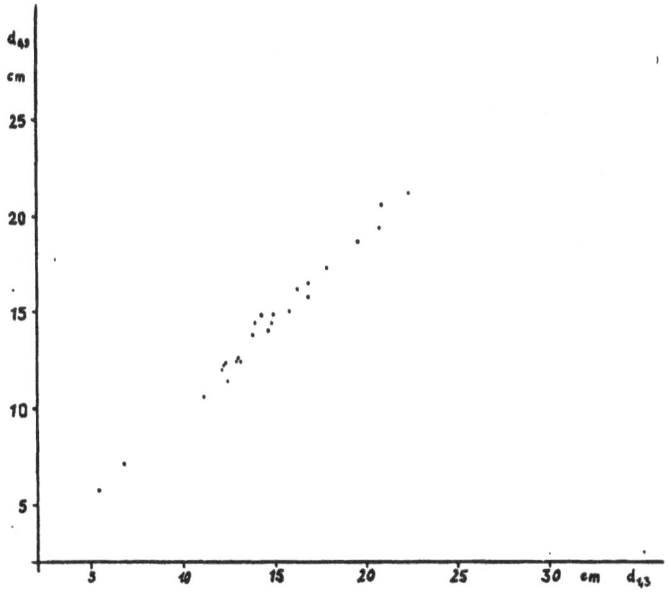

Abb. 34. Finowtal 260, Kiefer, 36jährig. $d_{0,9}$ über $d_{1,3}$ derselben 25 bestandesrepräsentativen Probestämme: ein enges, linear ausgleichbares Streuband.

weitgehend von den Streuwerten der beiden Variablen ab. σ_y ist bei dem untersuchten Vergleich der Abhängigkeiten von $d_{0,9}$ einerseits und q_H^2 andererseits von $d_{1,3}$ einmal die Streuung von $d_{0,9}$ und das andere Mal die Streuung von q_H^2. Im Finowtaler Kiefernkahlschlag haben wir für die 139 untersuchten Stämme als Variabilitätskoeffizienten für $d_{0,9}$

$$\sigma_y\% = \frac{50{,}0 \cdot 100}{274} = 1{,}82$$

und für q_H^2

$$\sigma_y\% = \frac{0{,}0590 \cdot 100}{1{,}113} = 5{,}30\,,$$

d. h., der relative Streuwert von q_H^2 ist beinahe dreimal so groß wie derjenige von $d_{0,9}$. Bei gleichbleibenden $d_{1,3}$-Werten und damit gleichem σ_x muß r schon deswegen für die Abhängigkeit $q_H^2/d_{1,3}$ entscheidend geringer als für diejenige zwischen $d_{0,9}$ und $d_{1,3}$ sein.

Die dreifache relative Streuung von q_H^2 gegenüber $d_{0,9}$ führe ich einfach darauf zurück, daß sie im Falle $d_{0,9}$ die mittlere quadratische Abweichung einfacher ganzer Zahlen von ihrem Mittelwert in Prozent desselben darstellt, im Falle von q_H^2 jedoch dieselbe von gebrochenen Zahlen, von bis auf 3 Stellen hinter dem Komma ausgerechneten Quotienten, die noch dazu quadriert sind, mißt. Die quadrierten Quotienten verzerren die vorhandenen Schwankungen und erhöhen sie überdimensional.

2. Ich habe unter 242.1 mehrfach darauf hingewiesen, daß das Streuband der q_H^2-Werte über $d_{1,3}$ meist einen ausgesprochenen Grenzfall für den Ausgleich über lineare oder nichtlineare Regression darstellt. So kann es vorkommen, daß sämtliche Prüfteste sogar übereinstimmend Linearität der Regressionslinie anzeigen, weil diese Linearität statistisch gesehen tatsächlich vorhanden ist und dennoch eine leicht gebogene Parabel die Einzelwerte besser ausgleicht als die Gerade. Die Korrelation in Form einer Funktion 2. Grades ist dann höher als die lineare, so daß theoretisch auf diese Weise der Unterschied der Straffheit des Zusammenhanges zwischen $d_{0,9}$ und $d_{1,3}$ einerseits und zwischen q_H^2 und $d_{1,3}$ andererseits in solchen Fällen etwas zusammenschmelzen müßte.

Durch die von mir vorgeschlagene Herleitung von q_H^2 werden bei dem engen Zusammenhang zwischen $d_{0,9}$ und $d_{1,3}$ durch den linearen Ausgleich der Regression alle über das übliche Maß hinausgehenden Abweichungen eliminiert, so daß zur Bildung des Quotienten $\frac{d_{1,3}}{d_{0,9}}$ gewissermaßen vorgeordnete Werte in die Rechnung eingehen, die nur noch mit dem geringen Fehler der Ausgleichsgeraden der über $d_{1,3}$ aufgetragenen $d_{0,9}$-Werte behaftet sind. Daneben darf der große Vorteil nicht übersehen werden, daß zur Herleitung der Beziehung zwischen $d_{0,9}$ und $d_{1,3}$ nur liegende Probestämme verwandt werden. Dadurch werden die Meßfehler so gut wie ausgeschaltet und die Schwierigkeiten der Leitermessung am stehenden Stamm umgangen.

Um von vornherein dem Einwand zu begegnen, es sei ein entscheidender Vorteil des HOHENADLschen arithmetischen Verfahrens, daß es gerade unter Einschaltung stehender Probestämme angewandt werden könne, ist folgendes festzustellen: Zur Herleitung der für das HOHENADL-Verfahren unbedingt erforderlichen echten Schaftholzformzahl $\lambda_{0,9}$ sind — und wenn auch aus dem laufenden Durchforstungsmaterial und nicht bestimmte, erst zu fällende Probestämme — in homogenen Beständen um 20 Stämme sektionsweise zu kubizieren (32, 1). Erst dann muß außerdem noch die Einschaltung einer etwa ebenso großen Anzahl stehender Probestämme zur q_H-Messung erfolgen, so daß die KRENNsche „Bestandesmassenermittlung mit Hilfe stehender Probestämme" (32) den Unvoreingenommenen insofern täuscht, als dieser darin ein Massenermittlungsverfahren sehen muß, das völlig ohne liegende Probestämme auskommt. Diese zusätzlich erforderliche Einschaltung von stehenden Probestämmen wird aber vermieden durch die Herleitung von q_H^2 auf Grund der $d_{0,9}/d_{1,3}$-Messungen an den ohnehin aufzumessenden 20 Probestämmen. Es ist dazu nur eine Durchmesserermittlung mehr erforderlich, nämlich die in $d_{1,3}$. Dies gilt auch für das vereinfachte HOHENADLsche Massenermittlungsverfahren unter Verwendung des echten Formquotienten nach ALTHERR (1).

Am Ende dieser Betrachtung sei nochmals auf Abb. 29 hingewiesen. Die mit + bezeichneten Koordinatenpunkte sind die q_H^2-Werte der 2 cm-Durchmesserklassen, die ich über die Ausgleichsfunktion

$$d_{0,9} = 9{,}634 + 0{,}914\ d_{1,3}$$

errechnete. Es ist festzustellen, daß sie sich mehr an die Ausgleichskurve in Form der leicht gekrümmten Parabel als an die lineare Ausgleichsgerade anschmiegen und damit die „wahren" Verhältnisse durch mittelbare Herleitung der q_H^2-Werte über $d_{0,9} = f\ (d_{1,3})$ sicherer gefunden werden als durch unmittelbare über die Regressionsgerade $q_H^2 = f\ (d_{1,3})$.

25 Ein Vorschlag ASSMANNs zur Gewinnung der Formzahl über den HOHENADLschen Formquotienten q_H

Nach einer persönlichen Mitteilung hat Prof. Dr. ASSMANN München gefunden, daß sehr straffe Beziehungen zwischen der unechten Brusthöhenderbholzformzahl $f_{1,3Dh}$ und dem Wurzelanlaufquotienten q_H bestehen. ASSMANN schwebt vor, diese engen Beziehungen auszunutzen, um bei Vermeidung arbeitsintensiver Kubizierungsverfahren an liegenden Probestämmen unter eventueller Einschaltung spezieller Wuchsgebietsmassentafeln über q_H zu einer „bestandesindividuellen" Massenermittlung im forstlichen Versuchswesen zu kommen.

Bis zur Anwendung dieser Art der Massenermittlung wird meiner Ansicht nach allerdings noch ein erhebliches Maß an Arbeit zu leisten und vor allem ein umfangreiches Zahlenmaterial zur Fundamentierung zu sammeln sein. Da diesbezügliche ASSMANNsche Untersuchungsergebnisse in der Literatur bisher nicht vorliegen, habe ich für die Abhängigkeit zwischen $f_{1,3Dh}$ und q_H zwei Beispiele berechnet, um einen Einblick in diese Verhältnisse zu vermitteln. Einmal wählte ich dazu wieder die 139 Kahlschlagstämme von Finowtal 211 – also Kiefer – und im zweiten Falle das gesamte Probestamm-Material der Fichte Harz der Durchforstungsflächenreihen Benneckenstein 62/65 und Güntersberge 120 sowie der Kalkdüngungsflächenreihen Thale 139 und Wernigerode 65, für das Ermittlungen der unechten Brusthöhenderbholzformzahl und des Wurzelanlaufquotienten zugleich durchgeführt waren, im ganzen 205 Fichtenstämme. Nach der Korrelations- und Ausgleichsrechnung drückt sich die Straffheit der Beziehungen zwischen $f_{1,3Dh}$ und q_H folgendermaßen aus:

	Korrelationskoeffizient r	Bestimmtheitsmaß $B = r^2$	Regressionsgerade
Finowtal 211 Kiefer	$-0,6247 \pm 0,0517$	0,39025	$f_{1,3Dh} = 1,299 - 0,7644 q_H$
Fichte Harz	$-0,7153 \pm 0,0341$	0,5117	$f_{1,3Dh} = 1,294 - 0,7667 q_H$

In beiden Fällen ist die Linearität der Regression „statistisch gesichert". Beide Korrelationskoeffizienten weichen außerdem „sehr gut gesichert" von Null ab, wie die Gegenüberstellung der bei ihrer Existenzprüfung berechneten t-Werte mit den Werten der Tafel der t-Verteilung zeigt:

	$t = \frac{r}{\sqrt{1-r^2}} \cdot \sqrt{N-2}$	FG n	t-Werte für $P = 0,001$
Finowtal 211 Kiefer	9,365	137	bei n = 120 3,373 bei n = 140 3,361
Fichte Harz	14,585	203	bei n = 200 3,340 bei n = 300 3,324

Das negative Vorzeichen von r macht deutlich, daß mit steigendem HOHENADLschen Formquotienten q_H, also mit wachsendem Wurzelanlauf, die Abholzigkeit und Abformigkeit des Einzelstammes steigen und dadurch die Formzahlwerte natürlich sinken müssen. Bei der Harzfichte ist bei größerer Straffheit der Korrelation der Formzahlabfall mit wachsendem q_H etwas stärker als bei dem Finowtaler Kiefernbestand. An Hand eines umfangreicheren Materials müßte überprüft werden, ob dies ein systematischer Unterschied ist. Er wäre aus folgendem Grunde denkbar: Untersucht wurden die Beziehungen zwischen der unechten Derbholzformzahl und dem Wurzelanlaufquotienten. $f_{1,3Dh}$ ist aber – vor allem auch wegen des Einflusses des Astderbholzes – nur in sehr beschränktem Umfange ein Formigkeitsweiser. Im großen und ganzen mag daher zutreffen, daß $f_{1,3Dh}$ mit wachsendem Wurzelanlaufquotienten als einem nur bedingten Weiser für die Formigkeitsverhältnisse am ganzen Stamm sinkt. Nicht zu übersehen ist dabei jedoch die gewissermaßen dieses Sinken abbremsende Wirkung des Astderbholzes.

Die prozentualen Streuungswerte um die Regressionsgerade, die nach meinen Untersuchungen zwischen 5 und 10% liegen, gestatten wiederum eine Berech-

Übersicht 6

Massenberechnung für Benneckenstein 62/65 I nach dem „Eberswalder Verfahren“, in verkürzter Form dargestellt. Formzahl- und Massenangaben in Spalten 7 und 8 nach dem Vorschlag ASSMANN über $f_{1,3Dh} = f(q_H)$ der 5 cm-Durchmesserklassen.

$d_{1,3}$	g	h	g · h	$f_{1,3Dh}$ aus Formzahlkurve	„wahre“ Masse	$f_{1,3Dh}$ über q_H	Masse aus berechn. $f_{1,3Dh}$	Masse Spalte 8 in % der „wahren“ Masse
cm	m²	m	m³	0,...	fm	0,...	fm	
1	2	3	4	5	6	7	8	9
15,0	0,062	15,2	0,9424	531	0,50	516	0,49	97,18
18,5	0,619	18,2	11,2658	536	6,04	506	5,70	94,40
23,2	3,615	20,9	75,5535	523	39,51	499	37,70	95,41
27,7	4,531	22,4	101,4944	499	50,65	496	50,34	99,40
32,3	1,964	23,3	45,7612	480	21,97	489	22,38	101,88
37,4	0,440	23,8	10,4720	470	4,92	486	5,09	103,40
Bestandeswerte 25,8	11,231	21,85	245,4893	503	123,59	496	121,70	98,47

nung der für eine Genauigkeit von 2% erforderlichen Probenahmezahl zur Herleitung von $f_{1.3Dh}$ aus q_H. Für eine Überschreitungswahrscheinlichkeit von P = 0,05 sind danach q_H-Messungen an rund 50 Stämmen durchzuführen, um diese Genauigkeit zu erreichen. Unter Voraussetzung einer fehlerlosen Herleitung von q_H — sie wird nach den Ausführungen im vorangegangenen Kapitel nicht immer gegeben sein — ist also immerhin noch diese hohe Anzahl von q_H-Werten zu bestimmen. Die Möglichkeit dazu ist allerdings stets vorhanden, wenn man mangels liegender Probestämme sich der Mühe der Kluppung am stehenden Probestamm unterzieht. Der Arbeitsaufwand für die $d_{0,9}$-Kluppung am stehenden Stamm übersteigt nach meinen Erfahrungen auch bei Bearbeitung von 50 Stämmen aus Beständen über 20 m Höhe nicht nennenswert denjenigen der sektionsweisen Kubizierung etwa 20 liegender Probestämme, die bisher leider oft genug auch bei dieser Probestammzahl keine „bestandesindividuelle“ Massenermittlung ermöglichte. Sollte dies bei dem von ASSMANN vorgeschlagenen Verfahren möglich werden, so wäre damit ein großer Fortschritt in der genauen Massenermittlung für wissenschaftliche Untersuchungen gemacht.

Außerdem wäre es das erste Verfahren, das tatsächlich nur mit stehenden Probestämmen auskommen würde.
Um die Brauchbarkeit der Ausgleichsgeraden

$$f_{1,3\,Dh} = 1,294 - 0,7667\ q_H$$

für die Massenberechnung an der Harzfichte auszuprobieren, habe ich mit den daraus errechneten unechten Formzahlwerten die Masse für Benneckenstein 62/65 I —Schiffeldurchforstung — Aufnahme 1953 berechnet. Als Vergleichsmasse zu dieser Berechnung steht mir die „wahre" Masse dieses Bestandes zur Verfügung. Ich errechnete sie auf Grund umfangreicher Formzahlmessungen am Aushiebsmaterial der letzten Aufnahme über das „Eberswalder Massenberechnungsverfahren", das unter 31 noch sehr genau zu besprechen sein wird.
Zur Berechnung der genauen Bestandesmasse über die Herleitung der Formzahl aus den q_H-Werten ermittelte ich letztere über die in Übersicht 5 angegebene Beziehungsgleichung

$$d_{0,9} = 9,555 + 0,924\ d_{1,3}$$

und wandte damit das vorgeschlagene Verfahren der vereinfachten q_H-Ermittlung mit Hilfe genauer Messungen an liegenden Probestämmen an. Das Ergebnis der Berechnung ist verblüffend. Insgesamt wird die Masse nur um 1,53% niedriger als die „wahre" Masse gefunden. In den 5 cm-Durchmesserklassen kommen allerdings Abweichungen von —5,60 bis +3,40% vor, wobei die Extremwerte in den weniger massenreichen Klassen liegen und somit das Gesamtergebnis nicht allzu ungünstig beeinflussen können.
Das alles in allem als gut zu bezeichnende Ergebnis kann allerdings nicht nur deswegen nicht als besonders beweiskräftig beurteilt werden, weil es eben nur ein einziges Ergebnis ist, sondern weil zur Berechnung der Beziehungsgleichung $f_{1,3\,Dh} = f(q_H)$ von den insgesamt 205 verwandten Wertepaaren allein 44 auf Benneckenstein 62/65 I entfallen. An Hand anderer „wahrer" Massenwerte der Harzfichte ist erst noch zu überprüfen, ob sich auch für ganz andere Bestandes- und Standortsverhältnisse von Harzfichtenbeständen, von denen kein Material zur Herleitung der Beziehungsgleichung

$$f_{1,3\,Dh} = f\ (q_H)$$

benutzt wurde, die Methode bewährt. Die Funktion

$$f_{1,3\,Dh} = 1,294 - 0,7667\ q_H$$

könnte dann tabellarisch dargestellt werden und zur bestandesindividuellen Massenberechnung mit stehenden Probestämmen im Harz benutzt werden.

3 Methodik und Genauigkeit der im forstlichen Versuchswesen anwendbaren Massen- und Zuwachsermittlungsverfahren

30 Allgemeines

Zur Massenermittlung langfristiger forstlicher Versuchsflächen und auch nur einmalig aufzunehmender Probeflächen sind beim forstwissenschaftlichen Versuch Massenermittlungsverfahren erforderlich, die eine „bestandesindividuelle" Massenermittlung ermöglichen. Es ist von diesen Verfahren eine Aufnahmegenauigkeit zu verlangen, die es gestattet, durch den Vergleich aufeinanderfolgender periodischer Aufnahmen sichere Massenzuwachswerte für den speziellen Bestand zu gewinnen. Auch bei einmaligen Aufnahmen von Probeflächen, wobei nur mit Hilfe von Zuwachsberechnungsformeln auf der Grundlage von Bohrspanmaterial bedingt auf den Bestandesmassenzuwachs geschlossen werden kann, muß diese hohe Aufnahmegenauigkeit gefordert werden. Hier ist ebenso wie bei den langfristig beobachteten Versuchsflächen eine nach Durchmesserklassen gegliederte Erfassung der Vorratsmasse unumgänglich.
Diese Anforderungen höchster Genauigkeit können nur solche Massenermittlungsverfahren erfüllen, die auf Grund einer repräsentativen, zahlenmäßig ausreichenden Probenahme am speziellen Bestandesmaterial die wirklich individuellen Bestandesmerkmale erfassen können. Mit anderen Worten ausgedrückt bedeutet dies, es kommen für die Massenermittlung im forstlichen Versuchswesen, auf der die Zuwachsermittlung ebenfalls aufbaut, nur Probestammverfahren in Frage. Zur Gewährleistung einer durchmesserklassenweise gegliederten genauen Vorratsermittlung muß von diesen Probestammverfahren zusätzlich noch gefordert werden, daß die Verteilung der Probestämme auf die einzelnen zu erfassenden Durchmesserklassen ebenfalls repräsentativ ist.
In der großen forstlichen Praxis haben sich Massenermittlungsverfahren ausgezeichnet bewährt, die ebenfalls eine gegliederte Vorratsermittlung ermöglichen. Es sind dies das Massentafelverfahren (57) und sämtliche davon abgeleiteten, noch mehr vereinfachten Verfahren wie das v. LAERsche Formhöhenreihenverfahren (37), das v. LAER-SPIECKERsche Massenreihenverfahren (38) und der KRÄUTERsche Waldhöhentarif (30), unabhängig von der Massentafel weiterhin die ausgesprochenen Tarifverfahren wie der KRENNsche Tarif (34), die KRUTZSCH-LOETSCHschen Einheitshöhenstufen (35), die verschiedenen Schweizer und französischen Tarifverfahren u. a. Allen diesen Verfahren ist jedoch gemein, daß sie bei höchst genauer Ermittlung der Bestandesgrundfläche, meist durch Vollkluppung, Höhe und Formzahl nur als mehr oder minder grobe Durchschnittswerte in die Massenberechnung eingehen lassen. Aus diesem Grunde können sie m. E. von vornherein keinen Eingang in die Massenermittlung im forstlichen Versuchswesen finden, selbst wenn sie ob ihrer einfachen Handhabung nur einen Bruchteil an Zeit und Geld gegenüber den umständlichen

Probestammverfahren erfordern. KRENN hat treffend die Situation gekennzeichnet, in der sich das forstliche Versuchswesen und auch die forstliche Praxis bezüglich der Messung der Waldbestände befinden (32, S. 114): „Meines Erachtens gibt es nun sowohl in der Holzmeßkunde als auch in der Ertragskunde nur 2 extreme Wege: Der eine, der zu immer weitergehender Zusammenfassung der bisherigen Erfahrungstatsachen führt mit dem Ziele, der Praxis einfache, leicht zu übersehende, aus Tafel- und Tabellenwerten bequem zu entnehmende, aber mehr oder weniger rohe Durchschnittsdaten zu bieten, wie sie ja tatsächlich für viele Zwecke des täglichen forstlichen und verwaltungstechnischen Lebens gebraucht werden, Zahlen, die auch insbesondere in forstlich extensiven Gebieten fürs erste wichtige und nützliche Anhaltspunkte bieten werden.
Der andere Weg will durch möglichst genaue Erfassung des Tatbestandes der letzten Wirtschaftseinheit die gesetzmäßigen Zusammenhänge zwischen dem individuellen Walten von Natur und Mensch und der Reaktion der so beeinflußten Bestände aufdecken. Wir müssen uns dabei aber stets vor Augen halten, daß auch diese Forschungsrichtung ihr Ziel nicht in einer möglichst weitgehenden Zersplitterung sucht, sondern aus der Vielfalt des Bestehenden das allgemein Verbindliche formen will."

Letzterer Abschnitt formuliert mit vortrefflicher Präzision die Aufgabe des forstlichen Versuchswesens, die „möglichst scharfe Herausarbeitung des wahren und nicht eines problematischen, durchschnittlichen Tatbestandes".

Neben der hohen Genauigkeit der Bestandesmassenermittlung im forstlichen Versuchswesen ist von den Probestammverfahren, mit deren Hilfe sie erreicht werden kann, des weiteren zu verlangen, daß sie eindeutige und vergleichbare Charakteristika des Bestandes in Form eines statistisch auswertbaren Zahlenmaterials liefern. Wird doch schon in der praktischen Forsteinrichtung eine nach Masse und Güte gegliederte Aufnahme der Vorratsstruktur verlangt, wieviel mehr ist diese Forderung dann auch im forstlichen Versuchswesen zu stellen. Meiner Ansicht nach genügt dafür nicht mehr die bisherige gütemäßige subjektive Ansprache von Stamm- und Kronenform sowie Stamm- und Kronenqualität, sondern es muß an deren Stelle der wirklich am Objekt gemessene Wert treten.

Die Kronenausmaße müssen gemessen werden, die Schaftform muß gemessen werden, wenn die Einwirkung der waldbaulichen Behandlung oder sonstiger Maßnahmen auf den Versuchsflächen beobachtet werden soll. Auch genügt nicht mehr allein die Durchmesser- und Massenfrequenz eines Bestandes in Absolutwerten, nein, auch über das arithmetische Durchmessermittel und über den Variabilitätskoeffizienten der Durchmesserstreuung eines Bestandes müssen vergleichbare Werte zu vergleichenden Betrachtungen gewonnen werden.

Wie gut sich gerade letztere der beiden statistischen Daten zur Kennzeichnung der Bestandesstruktur eignet, sei kurz an einem Beispiel gezeigt. In der Buchendurchforstungs-Versuchsflächenreihe Güntersberge 188 sind bezüglich ihres Bestockungsaufbaus die mäßige Hochdurchforstung mit der starken Hochdurchforstung zu vergleichen. WIEDEMANN schwebte für beide Bestände in dieser Richtung als Versuchsziel vor, einen dreietagigen Bestand mit einer qualitativ guten herrschenden Oberschicht, einer „dienenden" Mittel- und einer bodenschützenden Unterschicht herauszuarbeiten. Dieses Vorhaben gelang auf Grund der örtlichen Gegebenheiten nur unvollständig und in beiden Flächen mit verschiedenem Erfolg. In beiden Flächen ist der Unterstand durch Trocknis dezimiert und der Zwischenstand durch den unterschiedlichen Durchforstungsgrad heute nicht in gleicher Menge vertreten. Im ganzen bietet die mäßige Hochdurchforstung ein stufigeres Bild als die starke Hochdurchforstung. Zahlenmäßig exakt wird dieser Unterschied folgendermaßen über die Durchmesservariabilitätskoeffizienten $s_x\%$ ausgedrückt.

	Unterstand $s_x\%$	Oberstand $s_x\%$
Mäßige Hochdurchforstung:	19,0%	19,5%
Starke Hochdurchforstung:	21,7%	9,8%

Diese $s_x\%$-Werte sagen aus: Bei einer relativ hohen Durchmesservariationsbreite des Oberstandes der mäßigen Hochdurchforstung (ungefähr doppelt so groß wie die der starken Hochdurchforstung!), hervorgerufen vor allem durch eine größere Anzahl noch vorhandener Stämme der mitherrschenden soziologischen Baumklasse 3 (nach der Ansprachеskala der forstlichen Versuchsanstalten), variieren die Durchmesser des Unterstandes in relativ gleich großem Ausmaße, und zwar beinahe so stark wie die der starken Hochdurchforstung. Insgesamt muß also die Stufigkeit der mäßig durchforsteten Fläche, abgeleitet über die weitaus höhere Durchmesserstreuung, größer sein als die der stark durchforsteten Vergleichsfläche, die heute das Bild eines ausgesprochen zweietagigen Bestandes bietet.
Für Leinefelde 245 dagegen, eine stark hochdurchforstete Buchenfläche auf für Buche optimalem Muschelkalkstandort des Ohm-Gebirges, ergeben sich bei gleichem Alter und besserer Ertragsklasse folgende Durchmesservariabilitätskoeffizienten $s_x\%$:

Unterstand:	21,8%
Oberstand:	13,9%

Die Durchmesser des Unterstandes streuen demnach in der gleichen relativen Breite wie die entsprechenden der starken Hochdurchforstung in Güntersberge, während diejenigen des Oberstandes einen um 2/5 höheren $s_x\%$-Wert haben, der damit für den wuchskräftigeren Standort des Eichsfeldes eine höhere Durchmesservariation und damit stärkere Stufigkeit dieses stark hochdurchforsteten Bestandes im Vergleich mit dem Güntersberger ausweist.
Die allgemeine Betrachtung über die im Versuchswesen anzuwendenden Massenermittlungsverfahren fassen wir noch einmal dahingehend zusammen, daß dafür nur solche Probestammverfahren in Frage kommen, die auf Grund einer repräsentativen Verteilung der Probestämme auf die gesamte Durchmesservariationsbreite eines Bestandes eine bestandesindividuelle Massenermittlung, getrennt nach Durchmesserklassen, ermöglichen und gleichzeitig weitere statistisch auswertbare Zahlenwerte zur Kennzeichnung noch anderer wichtiger Bestandescharakteristika liefern.

31 Das Grundflächenverfahren oder „Eberswalder Massenermittlungsverfahren"

Dieses von SCHWAPPACH-FRICKE 1891 (56) entwickelte und von WIEDEMANN unwesentlich veränderte Massenberechnungsverfahren ist auch heute noch bei der Abt. Ertragskunde (Forstliche Versuchsanstalt) in Anwendung. Es ist ein Probestammverfahren, das sich den Gegebenheiten bei der Aufnahme langfristiger forstlicher Versuchsflächen anpaßt. Ausgezeichnet bewährt hat sich dabei die Methode, „die Massenberechnung nicht unmittelbar auf den Massen von Probestämmen aufzubauen, sondern den Verlauf von Höhe und Formzahl an den Probestämmen zu verfolgen und hieraus die Massen des Bestandes zu errechnen" (64, S. 3). Es wird also mit einer Bestandeshöhen- und -formzahlkurve gearbeitet, deren Einzelmeßwerte im ersten Falle auf stehende und liegende und im zweiten Falle nur auf liegende Probestämme zurückgehen, die dem Durchforstungsmaterial der laufenden Aufnahme entnommen werden.

Aus diesen Bestandeskurven, die die Höhe und Formzahl als Funktion des Durchmessers darstellen und nach Möglichkeit auf Probestammwerte zurückgehen, die über die ganze Durchmesserfrequenz des Bestandes verteilt sind, wird die Masse dann erst unter Zugrundelegung der durch Vollkluppung ermittelten „wahren" Bestandesgrundfläche ermittelt. Auf diese Weise verringern sich nach WIEDEMANN die Massenfehler entscheidend, die bei der Massenberechnung nach den Verfahren DRAUDT oder URICH infolge der individuellen Eigenheiten der einzelnen Probestämme leicht auftreten können.

Die Methodik des Verfahrens im einzelnen zu beschreiben erübrigt sich hier, da sie sich nur unwesentlich gegenüber den Angaben WIEDEMANNs in seiner „Anweisung für die Aufnahme und Bearbeitung der Versuchsflächen der Preußischen Forstlichen Versuchsanstalt" (64) geändert hat. Die Eberswalder Versuchsanstalt ging allerdings schon unter WIEDEMANN in den 30er Jahren dazu über, die Massenberechnung nach diesem „Eberswalder Verfahren" über 5 cm-Durchmesserklassen durchzuführen, während noch nach der WIEDEMANNschen „Anweisung ..." (S. 14) „Durchmesserklassen von bestimmten, für die Aufnahme des Bestandes stets gleichbleibenden Stammzahlen" zu bilden waren, wobei die Anzahl der Stämme in den Klassen folgendermaßen festlag:

> Vom stärksten Stamm her kamen je ha die 400 stärksten Stämme in 4 Klassen zu je 100 Stück, die 600 nächststärkeren Stämme in 3 Klassen zu je 200 Stück und die restlichen Stämme in Klassen zu je 400 Stück, auch diejenigen von 7 cm abwärts, dann aber mit neuem Klassenbeginn.

Heute liegen die 5 cm-Durchmesserklassen ohne Rücksicht auf die darin enthaltenen Stammzahlen fest, und zwar erstrecken sie sich von 0—7 cm auf das Nichtderbholz, von 7—10, 10—15, 15—20 cm usw. auf das Derbholz. Für jede Klasse wird seit 1954 auch nicht mehr die doppelte Grundfläche berechnet, wie das vorher durch Eingehen beider Einzelstammgrundflächenwerte der Kluppung über Kreuz in die Rechnung der Fall war, sondern unmittelbar die einfache Grundfläche nach vorheriger Mittelung der beiden Durchmesserwerte, da sich dieses Verfahren als richtiger erwiesen hat. Aus der Klassengrundfläche errechnet sich durch Division durch die Klassenstammzahl die Grundfläche des Klassenmittelstammes, und aus dieser wird mit Hilfe der Grundflächentabelle der zugehörige Durchmesser auf Zehntelzentimeter genau festgestellt. Für diese Klassenmitteldurchmesser werden aus der Bestandeshöhen- bzw. -formzahlkurve die entsprechenden Höhen- und Formzahlwerte entnommen und in den Klassen über die Produkte $g_i \cdot h_i \cdot f_i$ die Massen ermittelt, die als Summenwert die Gesamtmasse des Bestandes darstellen. Der Bestandesmitteldurchmesser in Form des Durchmessers des „*Kreisflächenmittelstammes*", die Bestandsmittelhöhe in Form der „*Kreisflächenmittelhöhe*" und die „*Bestandesderbholzformzahl*" werden entsprechend der WIEDEMANNschen „Anweisung ..." nach der darin auf Seite 15 beschriebenen Methodik mit dem Vorteil berechnet, unmittelbar mit den entsprechenden Daten des SCHWAPPACH-WIEDEMANNschen Ertragstafelwerkes vergleichsfähig zu sein.

Verbleibender und ausscheidender Bestand werden voneinander unabhängig nach dem gleichen Verfahren berechnet. Die Berechnung des periodischen Zuwachses erfolgt über die Formel

Endvorrat (= verbleibender + ausscheidender Bestand am Ende der Periode)
— Anfangsvorrat (= nur verbleibender Bestand am Anfang der Periode)
+ etwaige Entnahmen während der Periode.

Das „Eberswalder Massenermittlungsverfahren" bringt auf Grund seiner methodischen Fehlerfreiheit (siehe hierzu 32, S. 108) einwandfreie Ergebnisse. Es befriedigt jedoch in keiner Weise, wenn auf Grund der besonderen Bedingungen bei der Versuchsflächenaufnahme nicht die erforderliche Anzahl von Durchforstungsstämmen zur genauen Festlegung der Bestandesderbholzformzahlkurve anfällt. Außerdem ist die Streuung einer an und für sich ausreichenden Anzahl von Derbholzformzahlwerten oft so unregelmäßig, daß daraus unmöglich eine Bestandesderbholzformzahlkurve gezogen werden kann. WIEDEMANN hat diesen Umstand in seiner „Anweisung ..." berücksichtigt und darin auf den S. 16 und 17 und 23 holzartenweise genau festgelegt, wie in diesen Fällen die Formzahlkurven zu konstruieren sind. Diese „Krücken" garantieren nach den bisherigen praktischen Erfahrungen auf diesem Gebiet jedoch keineswegs die zu fordernde bestandesindividuelle Massenaufnahme und die darauf aufbauende Zuwachsermittlung, so daß „die Derbholzformzahl der weitaus unsicherste Faktor der Aufnahmen, der die Sicherheit der ganzen Massenberechnung schwer beeinträchtigt" (64, S. 16), bleibt.

Das führt bei Durchforstungsversuchsflächenreihen sogar meist so weit, daß für die stärker durchforsteten Einzelflächen die Formzahlen mehr oder weniger genau ermittelt, für die dichtgehaltenen wichtigen Vergleichsflächen mangels Aushiebsmaterials dagegen keine Formzahlen und damit keine genauen Massen berechnet werden können. WIEDEMANN verzichtete aus diesem Grunde oft zwangsläufig auf eine Verfolgung von Masse und Massenzuwachs, und KRENN schreibt in diesem Zusammenhang (34, S. 1): „Die Preußische Forstliche Versuchsanstalt war so ehrlich, die Schwierigkeit, die sich einer Kontrolle des Massenzuwachses auf Grund der bisher üblichen Massenermittlung entgegenstellte, einzugestehen und hat sich vielfach damit begnügt, lediglich die Entwicklung des Kreisflächenzuwachses zu verfolgen." Er fährt jedoch fort, daß in Mischbeständen mit herrschenden und dienenden Holzarten man aus den Maßzahlen für den Kreisflächenzuwachs allein sehr oft ein falsches Bild des Massenzuwachses der Mischholzarten bekomme, und auch MITSCHERLICH stellt bei seinen Untersuchungen über den Einfluß der Bestandesdichte auf den Zuwachs der Rotbuche in Nord- und Westdeutschland fest, „daß der Grundflächenzuwachs nicht immer ein eindeutiger Weiser für den Massenzuwachs ist." Er findet eine erhebliche Überlegen-

heit der Hochdurchforstung im Grundflächenzuwachs bei gleichzeitiger klarer Unterlegenheit im Massenzuwachs (44, S. 208).
Unter diesen Umständen soll es demnach ein Hauptziel vorliegender Arbeit sein, eine Möglichkeit der Formzahlermittlung für das „Eberswalder Massenberechnungsverfahren" zu finden, die diese eben aufgezeigten Unsicherheiten weitgehend überbrückt. Das Problem ist — soweit überhaupt lösbar — auf dem Wege über die echte Schaftholzformzahl $\lambda_{0,9}$ zu lösen, wie unter 41 gezeigt wird. Es kommt dann der Vorteil hinzu, daß gleichzeitig in Form der echten Schaftholzformzahl Zahlenwerte anfallen, mit deren Hilfe eine exakte Aussage über die Formigkeits- und damit Wertsverhältnisse der Bestockung gemacht werden kann.

32 Vergleich des „Eberswalder Massenberechnungsverfahrens" mit anderen wichtigen Probestammverfahren im Hinblick auf ihre methodische Richtigkeit

KRENN hat in seiner ausgezeichneten Schrift über „Die Bestandesmassenermittlung mit Hilfe stehender Probestämme" (32) die „methodischen Fehler der bekanntesten rechnerischen Probestammverfahren" untersucht. Er hat sich dabei auf das Material der 840 PESCHELschen Probestämme des Erzgebirgs-Fichtenbestandes Frankenberg 139 c gestützt, das PESCHEL seinerseits zu seiner rein mathematisch fundierten, ebenfalls hervorragenden Arbeit „Neuere Verfahren der Bestandesmassenermittlung nach Probestämmen, ihre mathematisch-statistische Begründung und ihre Erprobung an einem praktischen Bestandesbeispiel" (47) benutzte.
Diese 840 Frankenberger Fichtenstämme sind meines Wissens das umfangreichste liegend gemessene Material für die „wahre" Masse eines Einzelbestandes und eignen sich vorzüglich für einen Genauigkeitstest verschiedener Massenermittlungsverfahren.
KRENN geht bei seinen Untersuchungen von der Tatsache aus, daß der Unterschied einer nach einem Probestammverfahren ermittelten Masse gegenüber der „wahren" im wesentlichen in 2 Komponenten zerlegt werden kann (S. 7): Erstens in den Fehler, der durch die Methode an sich bedingt wird und zweitens in den Fehler auf Grund der Zufälligkeiten der Probestammauswahl. Den methodischen Fehler zerlegt er nochmals in den Fehler, „der durch die fehlerhafte Herleitung der Durchmesser der Bestandes- bzw. Klassenmittelstämme entsteht und in jenen, der dadurch entsteht, daß die Probestämme infolge ungeeigneter Klassenbildung nicht richtig für den Fehlerausgleich ausgenutzt werden".
Er prüft die methodische Richtigkeit folgender Probestammverfahren (S. 10):

a) Verfahren des Kreisflächenmittelstammes $V = \frac{v}{g} \cdot G$
b) Verfahren URICH (Probestämme nach 5 Klassen gleicher Stammzahl);
c) Verfahren HARTIG (Probestämme nach 5 Klassen annähernd gleicher Grundfläche);

d) TISCHENDORFs Verfahren
 α) nach Klassenmittelstämmen von 5 Klassen annähernd gleicher Masse
 β) nach dem Bestandesmittelstamm
e) HOHENADLs arithmetisches Verfahren
 α) mit genauer Berechnung des Streumaßes, bzw. von d_- und d_+, nach der Methode der kleinsten Quadrate
 β) Berechnung des Streumaßes nach dem von ihm vorgeschlagenen Näherungsverfahren (31).

Für jedes Verfahren zeigt er den genauen Rechnungsgang an Hand einer Übersicht, aus der selbstverständlich auch das genaue Massenergebnis und damit der methodische Fehler des Verfahrens hervorgeht. Ich beschränke mich darauf, nur den Rechnungsgang des TISCHENDORFschen Verfahrens über die Klassenmittelstämme von 5 Klassen annähernd gleicher Masse nochmals vorzuführen. Nicht ohne Absicht wähle ich gerade dieses Verfahren. Es weist nämlich in der KRENNschen Darstellung, die durchaus im Sinne TISCHENDORFs erfolgte, einen methodischen Fehler auf, der sich im Gegensatz zu den anderen untersuchten Verfahren in einem merklichen Massenfehler ausdrückt. Wie dieser methodische Fehler vermieden wird, zeige ich an Hand der Darstellung des TISCHENDORFschen Probestammverfahrens in der Übersicht 7. Zum anderen bestehen zwischen dem TISCHENODRFschen Probestammverfahren und dem „Eberswalder Massenberechnungsverfahren" gewisse methodische Parallelen, auf die weiter unten noch zurückzukommen sein wird.

In einer weiteren Übersicht führe ich an Hand des Frankenberger Bestandes den Rechnungsgang für das „Eberswalder Verfahren" vor und überprüfe seine methodische Richtigkeit.

Ich folge dabei dem Vorgehen KRENNs, der die Massen der einzelnen Probestämme für die Klassen- und Bestandesmitteltsämme aus der von PESCHEL berechneten Massengeraden

$$v = 12{,}815\ g - 0{,}05222$$

des Frankenberger Bestandes entnahm. Die über diese Massengerade berechnete Bestandesmasse weicht nach PESCHEL nur um $-0{,}25\%$ von der „wahren" Masse ab. Es gilt demnach für diesen Bestand das u. a. von KRENN so bezeichnete „Massenliniengesetz" (32, S. 20), d. h., die „wahre" Bestandesmasse wird sowohl über die Funktion 2. Grades $v = f(d)$ als auch über die lineare Funktion $v = f(g)$ richtig wiedergegeben, arithmetischer Kreisflächenmittelstamm und arithmetischer Massenmittelstamm sind identisch, so daß in diesem Falle das Verfahren des Kreisflächenmittelstammes ein sehr gutes Ergebnis liefert.

TISCHENDORF (61, S. 127) fand, und KRENN (32, S. 30ff.) bewies diese Erkenntnis exakt, daß sich die mittleren Fehler der Klassenprobestämme so verhalten wie ihre Massen und daher das Gesetz der Verteilung der Probestämme lauten muß: Die Probestämme sind proportional den Massen, die sie vertreten, zu verteilen.

TISCHENDORF kommt daher ganz zwangsläufig zu seinem Probestammverfahren, das den Bestand in Klassen gleicher Masse zerlegt, die jeweils mit der gleichen Probestammzahl auszustatten sind. In der KRENNschen Darstellung des TISCHENDORFschen Verfahrens am Beispiele des Frankenberger Fichtenbestandes (32, Übersicht 3 auf S. 14/15) ist die Bestandesmasse in 5 Klassen annähernd gleicher Masse aufgeteilt worden. Die Bestandesmasse wird dazu zunächst mit Hilfe des Massentafelverfahrens berechnet, wofür neben der Vollkluppung des Bestandes bekanntlich eine sichere Bestandeshöhenkurve erforderlich ist. Für die 1 cm-Durchmesserstufen-Durchmesser- und Höhenwerte (Spalten 1 und 4 der Übersicht 3 (32)) ergeben sich nach der Massentafel die betreffenden Einzelstamm-Massen (Spalte 5 der Übersicht 3 (32)), durch Multiplikation mit der Stufenstammzahl die Stufenmassen (Spalte 6) und durch Summierung einer entsprechenden Anzahl von Stufenmassen die Klassenmassen annähernd gleicher Größe (Spalte 7). Durch Division durch die jeweilige Klassenstammzahl erhält man die Masse des Klassenmassenmittelstammes (Spalte 8), der stellvertretend für den „wahren" Wert eben aber immer nur ein Massentafelwert ist. Sein Durchmesser wird durch Interpolation aus den benachbarten Einzel-Massentafel-Massen und Durchmessern gefunden. Stämme mit diesen Durchmessern werden nunmehr als Probestämme gefällt und zur Formzahlherleitung sektionsweise kubiziert. Die Berechnung der (gegenüber den Massentafelwerten) „korrigierten Masse" wird in den Spalten 9—14 der Übersicht gezeigt. Die Kreisfläche g_i (Sp. 10) für die aus der Massentafel interpolierten Durchmesser d_i (Sp. 9) der Massentafel-Klassenmassenmittelstämme wird einer Kreisflächentafel entnommen und die dazugehörige Höhe h_i (Sp. 11) der Bestandeshöhenkurve. Die Formzahl $f_{1.3i}$ (Sp. 12) geht als einziger massebildender Faktor bei dieser Berechnung auf die Sektionen an den gefällten Probestämmen zurück. Das Produkt aus Klassenstammzahl N_i (Sp. 3) mal Kreisfläche des Massentafel-Massenmittelstammes mal Höhenkurven-Höhe dieses Mittelstammes mal Probestamm-Formzahl ist die „korrigierte Klassenmasse". Durch Aufsummierung der 5 Klassenmassen ergibt sich die Bestandesmasse mit 429,03 fm, die im Vergleich zur „wahren" Masse 431,23 fm um —0,51% zu gering berechnet wurde. Demgegenüber liefern die anderen, von KRENN untersuchten, von mir auf S. 100/101 genannten Probestamm-Verfahren für den dem „Massenliniengesetz" gehorchenden Frankenberger Fichtenbestand praktisch fehlerlose Ergebnisse und können demnach kaum methodische Fehler aufweisen, die nach KRENNS Untersuchungen auf fehlerhafte Herleitung der Durchmesser der Bestandes- bzw. Klassenmittelstämme zurückgehen könnten. Die zweite Möglichkeit einer methodischen Fehlerquelle, nach KRENN auf ungeeignete Klassenbildung und Probestammverteilung zurückzuführen, muß andererseits von vornherein als nicht in Frage kommend betrachtet werden, da ja gerade das TISCHENDORFsche Verfahren die für eine Massenberechnung mit Hilfe von Probestämmen sicherste Klasseneinteilung, nämlich eine solche auf der Grundlage der Masse, aufweist. KRENN gibt auf S. 26—29 seiner Arbeit (32) eine Antwort auf die Frage, worauf die gegenüber den anderen Verfahren gefundene methodische Abweichung des

TISCHENDORF-Verfahrens zurückzuführen sei. Im Rahmen seiner Untersuchungen über die methodische Richtigkeit der in Betracht gezogenen Probestammverfahren untersucht er ihre Brauchbarkeit auch über andere Massenkurven als die nur selten zutreffende Massengerade und findet dabei für alle Verfahren mehr oder weniger große Abweichungen von der „wahren" Masse infolge fehlerhafter Herleitung der Durchmesser der Klassen- bzw. Bestandesmittelstämme. Für die Verfahren HOHENADL, HARTIG und URICH sind die entstehenden Fehler „infolge der Klassenbildung, innerhalb deren Bereich auch die nach $v = pd + kd^2 + c$ gekrümmte Kurve sich nicht wesentlich von einer Krümmung nach $v = k' \cdot d^2 + c$ unterscheiden wird" (S. 45), praktisch wieder bedeutungslos. Das Verfahren des Kreisflächenmittelstammes fällt hier ganz aus dem Rahmen, da es eben nur einwandfreie Werte liefert, wenn Kreisflächen- und Massenmittelstamm identisch sind, wenn also eine Massengerade vorliegt, und beim TISCHENDORFschen Verfahren findet KRENN widersprechende Eregbnisse, nämlich einmal sehr fehlerhafte und das andere Mal ganz ausgezeichnete je nach der verwandten Massenkurve. „Den Grund für dieses merkwürdige Verhalten finden wir darin – und hiermit klären sich auch die relativ hohen Fehler auf, die sich nach diesem Verfahren auch aus der Massengeraden $v = f(g)$ ergeben haben – daß sich die Massentafelkurve, die ja die Grundlage der Berechnung der Durchmesser der TISCHENDORFschen Klassenmittelstämme bildet, gegenüber den 3 Kurven verschieden verhält (32, Abb. 1), je besser sich . . . die Massentafelkurve der tatsächlichen Bestandesmassenkurve angleicht bzw. sich mit ihr ausgleicht, um so eher werden auch die methodischen Fehler des Verfahrens vermieden werden können" (S. 26–27).

KRENN kommt hiernach zu dem resignierenden Schluß, daß das TISCHENDORFsche Verfahren wegen seiner oben aufgezeichneten Unsicherheiten nur in Gebieten angewandt werden solle, „für die bereits nachgewiesen wurde, daß die Formverhältnisse ungefähr denen der Massentafel entsprechen" (S. 29).

Ohne die Anwendung des TISCHENDORFschen Probestammverfahrens, das m. E. ein interessantes Glied in der Entwicklung moderner Probestammverfahren darstellt und dem damit holzmeßkundlich-historische Bedeutung zukommt, etwa für unsere heutigen Arbeiten propagieren zu wollen, möchte ich im folgenden zeigen, wie sehr einfach der methodische Kardinalfehler des TISCHENDORFschen Verfahrens umgangen werden kann und es dann methodisch einwandfreiere Ergebnisse als die Verfahren URICH und HARTIG zu liefern imstande ist. Den hierfür erforderlichen Rechengang habe ich – wiederum mit den Werten des PESCHELschen Frankenberger Fichtenbestandes, entnommen aus der KRENNschen Arbeit – in Übersicht 7 dargestellt.

Es liegt völlig klar auf der Hand, daß die Unsicherheit des TISCHENDORFschen Verfahrens auf die Unsicherheit der Übereinstimmung von Massentafelmassenkurve mit der individuellen Bestandesmassenkurve zurückgeführt werden muß. Um so weniger ist es zu verstehen, daß TISCHENDORF auf der Basis der Durchmesser der Massentafel-Klassenmassenmittelstämme, die er doch in erster Linie zum Festlegen der Klassenprobestämme benötigt, die „korrigierte" Bestandes-

Übersicht 7 Abgewandeltes Verfahren TISCHENDORF

Die Spalten zur Ermittlung von d_i und h_i der Massentafel-Klassenmassenmittelstämme sind hier weggelassen (Spalten 4—11 der Übersicht 3 (32))

Durchmesser	Stammzahl	Kreisfläche	Klassen- Stammzahl	Klassen- Kreisfläche	Mittlere (r) Kreisfläche	Mittlere (r) Durchmesser	Höhe	Formzahl	Korrigierte Masse
d cm	n	g m²	N_i	g_i m²	g_i m²	d_i cm	h_i m	$f_{i,3i}$ 0,...	v_i fm
1	2	3	4	5	6	7	8	9	10
12	4	0,045							
13	19	0,252							
14	25	0,385							
15	39	0,689							
16	40	0,804							
17	41	0,931							
18	52	1,323							
19	49	1,389							
20	56	1,759							
21	20	0,693	345	8,270	0,023971	17,46	20,2	5257	87,820
21	28	0,970							
22	50	1,901							
23	55	2,285							
24	45	2,036							
25	7	0,344	185	7,536	0,040735	22,78	22,6	5076	86,450
25	48	2,356							
26	45	2,389							
27	38	2,176							
28	7	0,431	138	7,352	0,053275	26,03	24,0	4949	87,324
28	17	1,047							
29	37	2,444							
30	30	2,121							
31	11	0,830							
32	8	0,643	103	7,085	0,068786	29,60	25,1	4804	85,430
32	7	0,563							
33	16	1,368							
34	8	0,726							
35	12	1,155							
36	11	1,120							
37	4	0,430							
38	4	0,454							
39	1	0,119							
40	1	0,126							
41	1	0,132							
43	1	0,145							
44	1	0,152							
45	1	0,159							
48	1	0,181	69	6,830	0,098986	35,50	26,6	4636	84,226
	840	37,073							431,25

masse berechnet. Auf diese Weise werden doch bei starkem Abweichen der Massentafel-Massenkurve von der speziellen Bestandesmassenkurve sämtliche massebildenden Faktoren der Klassenmittelstämme in Abhängigkeit von ihrem Durchmesser falsch ermittelt und der dadurch entstehende Fehler durch Multiplikation mit den Klassenstammzahlen noch erheblich vergrößert. Dies ist m. E. der entscheidende methodische Fehler des TISCHENDORFschen Verfahrens.

Die „korrigierte" Masse habe ich daher in Übersicht 7 abweichend von TISCHENDORFs Methodik wie folgt berechnet: Da bei einer Bestandesmassenaufnahme durch Vollkluppung die Durchmesser- und damit die Grundflächenwerte am sichersten ermittelt werden, baute ich die Massenberechnung auf diesen gekluppten Grundflächenwerten auf, d. h., ich bestimmte zunächst für die nach dem TISCHENDORFschen Vorgehen gebildeten 5 Klassen annähernd gleicher (Massentafel)-Masse die dazugehörigen „wahren" Klassengrundflächen (Sp. 5 der Übersicht 7) und durch Division dieser Klassengrundflächen durch die Klassenstammzahl die Kreisfläche des Klassenkreisflächenmittelstammes (Sp. 6), durch die auch sein Durchmesser (Sp. 7) festgelegt ist. Für diesen Durchmesser entnahm ich der Bestandeshöhenkurve die dazugehörige Höhe (Sp. 8), d. h., ich berechnete sie in vorliegendem Falle — dem Vorgehen KRENNS folgend — sehr genau über die von PESCHEL auf Seite 895 seiner Arbeit (47) aufgestellten Gleichung der Höhenkurve (Parabel dritten Grades!) des Frankenberger Bestandes. Herrn Dipl. Mathematiker THIELE-Berlin bin ich zu besonderem Dank verpflichtet, daß er mir zur arbeitsersparenden Berechnung der entsprechenden Parabelwerte ein Näherungsverfahren zugänglich machte.

Als Klassenformzahlen benutzte ich die von KRENN angegebenen Werte (32, Übers. 3, Sp. 12) und kam über die Klassenprodukte $g_i \cdot h_i \cdot f_{1.3i}$ zu den korrigierten Klassenmassen (Sp. 10) und durch Aufsummierung der 5 Klassenmassen zur Bestandesmasse 431,25 fm, die praktisch mit der „wahren" Bestandesmasse übereinstimmt. Dies bedeutet demnach, daß das auf die eben angewandte Form abgewandelte TISCHENDORFsche Probestammverfahren keinen methodischen Fehler mehr aufweist.

Der Erfolg dieses Vorgehens beruht, um es nochmals zu betonen, einzig und allein darauf, daß die von TISCHENDORF angewandte „Massentafelkrücke" nur zur Festlegung der der Formzahlermittlung dienenden Klassenmassenmittelstämme benutzt wird, die Massenberechnung selbst dann jedoch auf der Basis der „wahren" Grundflächen- und davon abhängiger richtiger Höhenwerte bei Benutzung der Probestammformzahlwerte durchgeführt wird. Nicht die massebildenden Faktoren g_i und h_i der provisorischen (Massentafel-) Klassenmassenmittelstämme gehen in die endgültige Massenberechnung ein, sondern reale, am stehenden Bestand gemessene Werte, die nur mit dem möglichen Formzahlfehler der methodisch nicht völlig fehlerfrei ermittelten Probestämme in Verbindung kommen.

Das TISCHENDORFsche Probestammverfahren ähnelt in der Art der Ausnutzung der liegenden Probestämme durchaus dem „Eberswalder Massenberechnungsverfahren", dessen methodische Richtigkeit im folgenden zu unter-

suchen ist. Beide Verfahren sehen keine direkte Verwendung der Probestamm-Massen zur Massenberechnung vor, sondern ermitteln die Massenkomponente Grundfläche durch Vollkluppung, die Massenkomponente Höhe über eine graphisch auszugleichende Bestandeshöhenkurve und die Massenkomponente Formzahl über Probestämme, wobei TISCHENDORF als Formzahl für die einzelnen Klassen unmittelbar das Mittel der Formzahlen gefällter Klassenmittelstämme benutzt, während das „Eberswalder Verfahren" mit den Formzahlen der zufällig über die Durchmesserfrequenz des Bestandes verteilten Durchforstungsstämme, die ebenfalls in einer auszugleichenden Bestandesformzahlkurve — wie die Höhen in der Höhenkurve — zusammenzufassen sind, auszukommen sucht. Obwohl dabei gerade beim TISCHENDORFschen Verfahren zu bezweifeln ist, daß bei der bereits auf S. 99 erwähnten starken und vor allem unregelmäßigen Streuung von $f_{1,3Dh}$ über $d_{1,3}$ über 3 oder gar nur 2 Probestämme je Klasse ein brauchbarer Wert gefunden wird, ist durch diese Methode der Zerlegung der Masse in ihre Komponenten bei beiden Verfahren eine gute Möglichkeit gegeben, durch vermehrte Messung der sicherer zu bestimmenden Baum höhen bei gleichbleibender Zahl von Probestämmen für $f_{1,3Dh}$ die Genauigkeit des Verfahrens wesentlich zu erhöhen, zudem Grundflächenfehler nach der für beide Verfahren erforderlichen Vollkluppung ohnehin nicht in Frage kommen können.
In der Übersicht 8 habe ich auf einem Original-Massenberechnungsbogen der Abteilung Ertragskunde, wie er auch heute noch zur Massenberechnung der langfristigen Versuchsflächen mit Hilfe des „Eberswalder Grundflächenverfahrens" verwandt wird, nach dieser Methodedie Masse des PESCHELschen Frankenberger Fichtenbestandes berechnet. Die Werte für die Durchmesserverteilung dieses Bestandes in 1 cm-Durchmesserstufen und die dazugehörigen Stufengrundflächen (Spalten 1—3 der Übersicht 8) entnahm ich der KRENNschen Darstellung des HARTIGschen Probestammverfahrens (32, S. 13). Die Höhenwerte in Spalte 8 berechnete ich nach dem Vorgehen KRENNs, wie schon auf Seite 105 aus der von PESCHEL für die Höhenkurve dieses Bestandes aufgestellten Gleichung in Form einer Funktion 3. Grades und die Formzahlen in Spalte 9 nach $f = \frac{v}{g \cdot h}$, wobei die jeweiligen Größen g und v wiederum der PESCHELschen Massengeraden

$$v = 12{,}815\,g - 0{,}05222$$

entnommen wurden. Auf diese Weise ist die völlige Vergleichbarkeit zu KRENNs Untersuchungen über die methodische Richtigkeit der auf Seite 100/101 angegebenen Probestammverfahren gegeben.
Das Ergebnis der Massenberechnung nach dem „Eberswalder Verfahren" ist eindeutig. Mit einer berechneten Masse von 431,226 fm wurde die „wahre" Masse des Bestandes von 431,23 fm im Rahmen eines kleinen Abrundungsfehlers völlig richtig ermittelt. In Form der KRENNschen Beweisführung für die methodische Richtigkeit von Massenberechnungsverfahren, die sich auf

Übersicht 8

Verbleibender Bestand

Forstamt: Frankenberg 139 c **Aufnahmetag:**

$d_{1,3}$	1	2	3	4	5	6	Stamm-zahl	Kreisfläche	Gesamt-Stamm-zahl	Gesamt-Kreisfläche	Mittlere Kreisfläche	Mittlere Durch-messer	Höhe m	Formzahl 0,.......	Derbholz-masse fm	Bemerkungen
1							2	3	4	5	6	7	8	9	10	11
1																
12							4	0,045								
13							19	0,252								
14							25	0,385								
15							39	0,689	87	1,371	0,015759	14,16	18,3	5192	13.027	
16							40	0,804								
17							41	0,931								
18							52	1,323								
19							49	1,389								
20							56	1,759	238	6,206	0,026076	18,23	20,6	5249	67.102	
21							48	1,663								
22							50	1,901								
23							55	2,285								
24							45	2,036								
25							55	2,700	253	10,585	0,041838	23,08	22,9	5051	122,434	
26							45	2,389								
27							38	2,176								
28							24	1,478								
29							37	2,444								
30							30	2,121	174	10,608	0,060966	27,88	24,6	4861	126,856	
31							11	0,830								
32							15	1,206								
33							16	1,368								
34							8	0,726								
35							12	1,155	62	5,285	0,085242	32,95	26,0	4693	64,490	
36							11	1,120								
37							4	0,430								
38							4	0,454								
39							1	0,119								
40							1	0,126	21	2,249	0,107095	36,93	26,9	4583	27,724	
41							1	0,132								
42							-	-								
43							1	0,145								
44							1	0,152								
45							1	0,159	4	0,588	0,147000	43,26	28,1	4434	7,326	
46							-	-								
47							-	-								
48							1	0,181								$\Sigma g_i\ h_i$
9																
0									1	0,181	0,181000	48,00	28,8	4349	2,267	875,9299
1									840	37,073	0,04413452	23,71	23,6	492,3	431,226	
2																
3																
4																
5																
6																
7																
8																
9																
0																

MDV Druckerei Eberswalde 6504800 64 22443

Probestämme stützen, ist damit nachgewiesen, daß das „Eberswalder Grundflächenverfahren“ in seiner Methodik fehlerfrei ist. Wenn dennoch bei der praktischen Anwendung dieses Verfahrens fehlerhafte Ergebnisse vorkommen können, so liegt dies nicht an der Methodik an sich, sondern diese Fehler gehen auf die Zufälligkeiten bei der Auswahl der geforderten Probestämme zur Formzahlermittlung zurück. Sie können in ihrer Höhe beträchtlich sein. PESCHEL glaubt jedoch annehmen zu können (47, S. 899), daß sie in den meisten Fällen unter 2% liegen.

Zum Schluß sei nochmals auf die bei der Betrachtung von Übersicht 8 ins Auge springenden Vorteile des „Eberswalder Verfahrens“ aufmerksam gemacht, die ihm zusätzlich zu seiner einwandfreien Methodik eigen sind:

1. Genaue Vorratsmassengliederung nach 5 cm-Durchmesserklassen und damit eine der forstlichen Praxis angepaßte Möglichkeit, für Sortiments- und Stärkeklassenanfall brauchbares Zahlenmaterial zu liefern, das zusätzlich noch bestandesweise vergleichbar ist, da diese Gliederung im Gegensatz zu den Verfahren HARTIG und TISCHENDORF z. B. stets auf dem starren 5 cm-Durchmesserklassensystem basiert.
2. Die über das „Eberswalder Grundflächenverfahren“ berechneten ertragskundlichen Daten Stammzahl, Mittelhöhe, Stammgrundfläche, Mitteldurchmesser, Derbholzformzahl, Derbholzmasse und Zuwachswerte an Stammgrundfläche und Derbholzmasse sind unmittelbar mit dem SCHWAPPACH-WIEDEMANNschen Ertragstafelwerk vergleichbar.

Wollen wir nun noch das „Eberswalder Massenberechnungsverfahren“ in die KRENNsche Rangordnung der Wertigkeit der von ihm untersuchten Verfahren (32, S. 44) einordnen, so ist dazu folgendes zu sagen: Hinsichtlich seiner methodischen Richtigkeit wird das Grundflächenverfahren von keinem anderen der untersuchten übertroffen. Auf Grund seiner Eigenart, weitgehend mit Durchforstungsstämmen als Probestamm-Material zur Formzahlherleitung auszukommen und hierbei entstehende Ungenauigkeiten durch vermehrte Höhenmessungen bei einwandfreier Grundflächenbestimmung durch Vollkluppung im Massenfehler stark einzuschränken, muß es trotz seiner bekannten Mängel in der Art der Formzahlherleitung neben dem HOHENADL-Verfahren als einzig praktisch brauchbares Verfahren zur bestandesindividuellen Massenermittlung langfristiger forstlicher Versuchsflächen angesehen werden. Nur diese beiden Verfahren (und zwar das HOHENADLsche in der abgewandelten Form mit Hilfe stehender Probestämme) ermöglichen eine genaue Bestandesmassenermittlung über Probestämme, die dem laufenden Durchforstungsmaterial entnommen werden können und nicht an bestimmte Durchmesser irgendwelcher Klassenmittelstämme gebunden sind. Auf diese Weise wird das Bestandesgefüge der langfristigen Versuchsflächen einzig und allein durch die waldbaulich-ertragskundliche Behandlung gemäß Versuchsziel und nicht etwa durch die Entnahme bestimmter Probestämme beeinflußt.

Aus folgenden Gründen ist m. E. das „Eberswalder Verfahren“ auch dem HOHENADLschen vorzuziehen:

Ich deutete bereits kurz an, daß das HOHENADL-Verfahren nur in seiner abgewandelten Form über q_H-Messungen an stehenden Probestämmen zur Formzahlermittlung mit Durchforstungsstämmen auskommt, während es in seiner reinen Form durchaus an durchmessermäßig festgelegte, also besonders zu fällende Probestämme gebunden ist und in diesem Falle für Versuchsflächen nicht in Frage kommt. Bei der Formzahlherleitung am Durchforstungsmaterial kommt jedoch nur die Bestimmung der echten Schaftholzformzahl $\lambda_{0,9}$ in Frage, die allein vom Brusthöhendurchmesser unabhängig ist und gemäß der HOHENADLschen Methodik allein sowohl für den d_-- als auch den d_+-Bereich als verbindlich angenommen werden kann. Es kann mit diesem Verfahren demnach nur Schaftholzmasse berechnet werden. Wohl haben ALTHERR (1, S. 43) und ENGSTLER (6, S. 40) gezeigt, wie mittels entsprechender Berichtigungsprozente für mehrere Nadelhölzer, die keine Derbholzäste bilden, das Schaftholz in Schaftderbholz umgerechnet werden kann, für alle anderen Holzarten mit zum Teil ausgeprägter Derbastholzbildung (Buche, Eiche, Altkiefer) ist diese Umrechnung dagegen keineswegs gelöst, so daß das HOHENADL-Verfahren für langfristige Versuchsflächen solcher Holzarten vorläufig nicht in Frage kommen kann.

Zum zweiten liefert das HOHENADL-Verfahren stets nur die Gesamtmasse des Bestandes. Die überaus wichtige Gliederung in z. B. 5 cm-Durchmesserklassen kann nach PRODAN (50, S. 146) nur über den umständlichen Umweg der Massengeraden $v = f(g)$ gefunden werden. Dabei liefert dieses Vorgehen bekanntlich nur in seltenen Fällen wirklich einwandfreie Ergebnisse, nämlich nur dann, wenn der betreffende Bestand zufällig dem „Massenliniengesetz" gehorcht, wenn also Kreisflächen- und Massenmittelstamm identisch sind.

4 Vorschlag für die modifizierte Anwendung der echten Schaftholzformzahl sowohl als Massenreduktionsfaktor als auch als Formigkeitsweiser bei der Massenberechnung langfristiger forstlicher Versuchsflächen

40 Allgemeines

Als ein Hauptziel vorliegender Arbeit habe ich die Verbesserung der Genauigkeit des „Eberswalder Massenberechnungsverfahrens" auf der Grundlage einer sicheren Bestimmung der bestockungsindividuellen Formzahl als Massenreduktionsfaktor unter gleichzeitiger Nutzbarmachung der HOHENADLschen echten Schaftholzformzahl $\lambda_{0,9}$ als Formigkeitsweiser hingestellt. In dem nun folgenden Abschnitt lege ich die Ergebnisse der diesbezüglichen Untersuchungen in Form eines Vorschlags für die Anwendung der von mir in $\lambda_{0,9(15)}$ abgewandelten HOHENADLschen Schaftholzformzahl $\lambda_{0,9}$ zur Massenberechnung und Formigkeitsdarstellung im Rahmen des „Eberswalder Verfahrens" dar und zeige weiterhin die Auswirkungen dieser Untersuchungsergebnisse auf andere im forstlichen Versuchswesen ebenfalls brauchbare Massenermittlungsverfahren, nämlich auf das HOHENADL-Verfahren, auf das SPEIDELsche Massenkurvenverfahren und auf die K. G.-Linie.

Im vorangegangenen Abschnitt 3 habe ich ausführlich erörtert, welche Anforderungen an ein Verfahren zur bestandesindividuellen Massenermittlung im forstlichen Versuchswesen zu stellen sind und bewiesen, daß das „Eberswalder Grundflächenverfahren" auf Grund seiner methodischen Fehlerfreiheit und seiner sonstigen Vorzüge (siehe S. 106–109) die besten Voraussetzungen dafür mit sich bringt. Ich habe jedoch auch nicht das „Formzahlproblem" dieses Verfahrens (S. 99) verschwiegen, wodurch nach der KRENNschen Fehlersystematik für Probestammverfahren solche Massenfehler entstehen, „die sich infolge der Zufälligkeiten bei der Auswahl der geforderten Probestämme ergeben" (32, S. 7). Die zufällige Verteilung der Durchforstungs-(= Probe)stämme auf die Durchmesservariationsbreite eines Bestandes wird aus versuchstechnischen Gründen für die langfristigen forstlichen Versuchsflächen niemals zu umgehen sein, so daß diesem Umstand im Massenberechnungsverfahren nach Möglichkeit Rechnung getragen werden muß.

Schon einmal hat MITSCHERLICH den für die Anwendbarkeit des „Eberswalder Verfahrens" in letzter Konsequenz entscheidenden Versuch unternommen, ein Verfahren für eine genaue Bestimmung bestandesindividueller unechter Brusthöhenderbholzformzahlen zu entwickeln (43), auf das WIEDEMANN ganz besondere Hoffnungen für wirklich vergleichende Massen- und Zuwachsuntersuchungen für unterschiedlich behandelte Versuchsflächen setzte (67, S. 342). In klarer Erkenntnis der auch von v. LAER (37, S. 19) ausgesprochenen Tatsache, daß die Anwendung „individueller" Höhenkurven sich im Hinblick auf eine genaue Massenberechnung so lange nicht lohnt, als nicht die zugehörigen Formzahlkurven ebenso genau feststehen, und angesichts der Ergebnisse „der seit fast einem Jahrhundert eifrig betriebenen umfangreichen Formzahluntersuchungen, daß die Formzahlen von Stamm zu Stamm stark schwanken und diese Schwankungen vor allem bei Laubhölzern nicht immer — wie man ursprünglich gehofft haben mag — ganz klare Gesetzmäßigkeiten erkennen lassen" (37, S. 27), verzichtet MITSCHERLICH auf Sektionsmessungen am bei den einzelnen Versuchsflächenaufnahmen anfallenden, für die Formzahlbestimmung meist doch nicht ausreichenden Durchforstungsmaterial und versucht über zusätzliche Durchmessermessungen vor allem auch am stehenden Stamm in 5 m bzw. halber Baumhöhe die Formzahl auf Grund empirisch hergeleiteter Beziehungsgleichungen zu berechnen. Als Grundlagenmaterial für diese Gleichungen standen ihm die umfangreichen Formzahlerhebungen der Eberswalder Versuchsanstalt zur Verfügung, so daß er unter Berücksichtigung einer Reihe von Faktoren wie Wuchsgebiet, Holzart, Alter, Höhe, Ertragsklasse, die auf die absolute Größe der Formzahl einen wesentlichen Einfluß haben, zu Ergebnissen kommt, die nach KRENN-PRODAN (33, S. 125) „selbst im Einzelfall nur mit einem relativ geringen Fehler behaftet sind". Wie ich weiter unten noch zeigen werde, probierte ich die MITSCHERLICHschen Formzahlformeln aus. Sie liefern für mein Beispiel keine befriedigenden Ergebnisse. Zudem ist die technische Handhabung der Formeln bei der Formzahlberechnung nicht immer einfach, und auch die Durchmessermessungen in 5 m bzw. halber Baumhöhe, die zur Erlangung eines zu fordernden hohen Genauigkeitsgrades besonders auch an zahlreichen stehenden Stämmen jeder 5 cm-Durchmesserklasse durchgeführt werden müssen, mögen dazu beigetragen haben, daß dieser MITSCHERLICHsche Vorschlag keinen Eingang in das „Eberswalder Verfahren" fand. KRENN-PRODAN (33, S. 125) begrüßen die MITSCHERLICHschen Bemühungen im Hinblick auf eine genaue Massenberechnung, kritisieren jedoch die eingeschlagene Methodik, die trotz einer gewissen Umständlichkeit keine Fortschritte in Bezug auf die wirkliche Schaftformdarstellung bringe, da nichts über die durchschnittliche und zugleich vergleichbare Stammform als Grundlage beispielsweise von Sortiments- und Wertsberechnungen ausgesagt werde.

41 Die deduktive Herleitung der unechten Brusthöhenderbholzformzahl $f_{1,3Dh}$ aus der echten Schaftholzformzahl $\lambda_{0,9(15)}$

Unter 241.2 habe ich bewiesen, daß die Herleitung der Schaftholzmasse über 15 Sektionen gleicher relativer Länge praktisch unabhängig von Baumhöhe, Brusthöhendurchmesser, Schaftform u. dgl. mit derselben Genauigkeit durchgeführt werden kann wie über starre 2 m-Sektionen und damit ebenfalls die bisher als „wahr" angenommene Masse gefunden wird. Da $\lambda_{0,9(15)}$ weiterhin eine echte Formzahl im Sinne KRENNs (32, S. 69) ist, also auf Sektionen gleicher relativer Länge zurückgeht, die 5 HOHENADL-Sektionen in ihren 15 Sektionen mit enthalten sind und als Bezugsdurchmesser für sie ebenfalls $d_{0,9}$ gewählt wurde, muß sie als Formigkeitsweiser dieselben guten Eigenschaften wie $\lambda_{0,9}$ aufweisen, also in einem straffen Zusammenhang mit der echten Ausbauchungsreihe η_i die Schaftform völlig sicher und vergleichbar widerspiegeln. Außerdem ist die auf 15 Sektionen gleicher relativer Länge aufgebaute echte Schaftholzformzahl ebenso unabhängig vom Brusthöhendurchmesser wie die auf 5 Sektionen aufgebaute HOHENADLsche (siehe S. 81). Sie charakterisiert auf Grund ihrer 15 echten Ausbauchungswerte die Schaftform eines Bestandes, die ja infolge der bewiesenen Unabhängigkeit zwischen echter Schaftholzformzahl und Brusthöhendurchmesser für alle Stämme im Rahmen des Fehlers gleich ist, so eindeutig, daß es möglich ist, über diese Ausbauchungsreihe die Masse eines jeden Schaftes zu bestimmen und darüber hinaus durch die Möglichkeit einer genauen Interpolation des Durchmessers in jeder Höhe am Schaft — so auch der Derbholzhöhe — die Schaftderbholzmasse zu ermitteln. Wenn aber diese theoretisch-deduktive Herleitung der Schaftderbholzmasse aus der echten Ausbauchungsreihe für jeden Stamm eines Bestandes möglich ist, so kann die Derbholzmasse ebenfalls für die Klassenmittelstämme der 5 cm-Durchmesserklassen des „Eberswalder Massenberechnungsverfahrens" deduziert werden, woraus dann bei ja bekannter Höhe und bekanntem Durchmesser dieser Mittelstämme die Formzahl der Klasse berechnet, bzw. noch einfacher durch Multiplikation der deduktiv hergeleiteten Klassenmittelstamm-Masse mit der Klassenstammzahl sofort die Klassenmasse berechnet werden kann. Bei Beständen mit Derbholzästen ist ein entsprechender Derbholzastzuschlag zu machen, um die wahre Derbholzmasse dieser Bestände zu bekommen.

Am Beispiele des bereits mehrfach erwähnten 0,5 ha großen Kahlschlags 100jähriger Kiefer in Finowtal 211 möchte ich die eben theoretisch erläuterte deduktive Formzahlherleitung für das „Eberswalder Massenberechnungsverfahren" verdeutlichen. Das Material dieses Finowtaler Bestandes ist das einzige mir für eine derartige Erörterung zur Verfügung stehende beweiskräftige, da es auf Grund der sektionsweisen Aufmessung aller gefällten 139 Stämme nach 4 verschiedenen Kubierungsverfahren für die Ausprobierung von Massenermittlungsverfahren tatsächlich einen „wahren" Vergleichswert darstellt.

Im folgenden möchte ich zunächst noch einige genauere Angaben über die ertragskundlichen Daten dieses liegend aufgemessenen Bestandes machen, soweit ich sie nicht schon vorher bei Heranziehung zu anderen Beispielen angegeben habe.

In den Übersichten 9 und 10 ist auf Massenberechnungsbögen der Abteilung Ertragskunde die Massenberechnung für Finowtal 211 — einmal für Gesamtderbholz einschließlich des Astderbholzes (Übersicht 9) und zum anderen für Schaftderbholz, also ausschließlich des Astderbholzes — dargestellt, wie sie in einem „idealisierten" Rechnungsgange über das „Eberswalder Grundflächenverfahren" zu „wahren" Werten führt. Dieser „idealisierte" Gang der Berechnung, der die zu Vergleichszwecken unbedingt erforderlichen „wahren", von Abrundungsfehlern usw. freien Werte liefert, weicht in folgenden Punkten von der wirklichen praktischen Handhabung des „Eberswalder Verfahrens" ab:

In den Spalten 3 beider Übersichten werden die Kreisflächenwerte der 1 cm-Durchmesserstufen durch einzelstammweise Aufsummierung der Kreisflächen der auf Millimeter genau gekluppten Stämme gebildet. Für die erste 1 cm-Durchmesserstufe, 18 cm,

Übersicht 9

Verbleibender Bestand

Forstamt: Finowtal 211 — Derbholz mit Ästen — **Aufnahmetag:** Sept. 1954

$d_{1,3}$	1	2	3	4	5	6	Stamm-zahl	Kreisfläche	Gesamt- Stamm-zahl	Gesamt- Kreisfläche	Mittlere Kreisfläche	Mittlere Durch-messer	Höhe m	Formzahl 0,.........	Derbholz-masse fm		Bemerkungen
1							2	3	4	5	6	7	8	9	10		11
1																	
2																	
3																	
4																	
5																	
6																	
7																	
18							2	0,0498					7,	865			
19							1	0,0290				19,58	16,19	4866	100,	14%	
20							7	0,2230	10	0,3018	0,03018	19,6	16,22	4848	2,37	366	(4,895196)
21							2	0,0689									
22							6	0,2308									
23							1	0,0423					8,	663			
24							12	0,5460				23,69	17,56	4923	100,	52%	
25							9	0,4283	30	1,3263	0,04421	23,7	17,59	4924	11,48	923	(23,329617)
26							10	0,5318									
27							12	0,6810									
28							8	0,4927					8,	897			
29							7	0,4662				27,74	17,99	4934	101,	47%	
30							7	0,4952	44	2,6669	0,06061	27,8	18,01	4940	23,72	808	(48,030869)
31							7	0,5235									
32							9	0,7206									
33							8	0,6767					9,	356			
34							8	0,7141				32,92	18,95	4942	102,	64%	
35							9	0,8616	41	3,4965	0,08528	33,0	18,96	4935	32,71	362	(66,293640)
36							3	0,3060									
37							5	0,5377									
38							1	0,1158					9,	615			
39							2	0,2365				37,19	19,47	4942	104,	62%	
40							-	-	11	1,1960	0,10873	37,2	19,48	4935	11,49	926	(23,298080)
41							-	-									
42							1	0,1405									
43							-	-					9,	857			
44							2	0,3062				43,53	19,90	4944	108,	80%	
45							-	-	3	0,4467	0,14890	43,5	19,93	4945	4,40	305	(8,902731)
6									139	9,4342	0,06787	29,4	18,52	4933	86,20	690	174,750133
7															102,	51%	
8																	
9																	
0																	
1																	
2																	
3																	
4																	
5																	
6																	
7																	
8																	
9																	
0																	

Massenmittelstamm des Derbholzes:

86,20690 : 139 = 0,62019 fm

Übersicht 10

Verbleibender Bestand

Forstamt: *Finowtal 211* *Derbholz ohne Äste* **Aufnahmetag:** *Sept. 1954*

$d_{1,3}$	1	2	3	4	5	6	Stammzahl	Kreisfläche	Gesamt-Stammzahl	Gesamt-Kreisfläche	Mittlere Kreisfläche	Mittlere Durchmesser	Höhe m	Formzahl 0,………	Derbholzmasse fm	Bemerkungen
1							2	3	4	5	6	7	8	9	10	11
1																
2																
3																
4																
5																
6																
7																
18							2	0,0498					7,	854		
19							1	0,0290				19,58	16,19	4860		
20							7	0,2230	10	0,3018	0,03018	19,6	16,22	4841	2,37040	
21							2	0,0689								
22							6	0,2308								
23							1	0,0423					8,	618		
24							12	0,5460				23,69	17,56	4899		
25							9	0,4283	30	1,3263	0,04421	23,7	17,59	4899	11,43029	
26							10	0,5318								
27							12	0,6810								
28							8	0,4927					8,	768		
29							7	0,4662				27,74	17,99	4870		
30							7	0,4952	44	2,6669	0,06061	27,8	18,01	4868	23,38392	
31							7	0,5235								
32							9	0,7206								
33							8	0,6767					9,	115		
34							8	0,7141				32,92	18,95	4810		
35							9	0,8616	41	3,4965	0,08528	33,0	18,96	4808	31,87072	
36							3	0,3060								
37							5	0,5377								
38							1	0,1158					9,	190		
39							2	0,2365				37,19	19,47	4720		
40							-	-	11	1,1960	0,10873	37,2	19,48	4717	10,99158	
41							-	-								
42							1	0,1405								
43							-	-					9,	060		
44							2	0,3062				43,53	19,90	4543		
45							-	-	3	0,4467	0,14890	43,5	19,93	4545	4,04698	
6									139	9,4342	0,06787	29,4	18,52	4812	84,09389	
7																
8																
9																
0																
1																
2																
3																
4																
5																
6																
7																
8																
9																
0																

Massenmittelstamm des Schaftderbholzes.

84,09389 : 139 = 0,60499 fm

Schaftderbholz in Prozent des Schaftholzes:

$$\frac{8409389 \cdot 100}{8441588} = 99,62\ \%$$

die von 17,5—18,4 cm reicht und 2 Stämme der Stärke 17,8 cm enthält, ergibt sich demnach die Stufengrundfläche 2 × 0,0249 m² = 0,0498 m². Demgegenüber hätte sich bei dem sonst üblichen Vorgehen eine Stufengrundfläche von 2 × Grundfläche für 18 cm Durchmesser = 0,0510 m² ergeben. Insgesamt wäre auf diese Weise statt der auf Millimeterbasis ermittelten Bestandesgrundfläche 9,4342 m², auf der ja auch die aus Einzelstamm-Massen aufsummierte „wahre" Bestandesmasse fußt, auf Zentimeterbasis eine Grundfläche von 9,457 m² ermittelt worden. Schon durch diesen Grundflächenfehler von nur + 0,24% hätte das „Eberswalder Verfahren" bei Unterstellung richtiger Höhen- und Formzahlwerte einen Massenfehler von + 0,24% ergeben.

Aber auch die „wahren" Höhen- und Formzahlwerte für die einzelnen 5 cm-Durchmesserklassen (Spalten 8 und 9) wurden einer größeren Genauigkeit wegen nicht aus der Bestandeshöhen- bzw.-formzahlkurve abgelesen, sondern berechnet. Für beide massebildenden Faktoren muß die Bedingung erfüllt sein, daß sie als Produkt mit der jeweiligen Stufengrundfläche die Stufenmasse ergeben.

Es muß immer sein

$$v_i = g_i \cdot h_i \cdot f_i \,.$$

Um h_i oder f_i zu berechnen, ist demnach v_i durch $\Sigma g_j \cdot f_j$ bzw. $\Sigma g_j \cdot h_j$ zu dividieren, d. h., die Klassenmittelhöhe

$$h_i = \frac{\Sigma g_j \cdot h_j \cdot f_j}{\Sigma g_j \cdot f_j}$$

ist die mit Grundfläche und Formzahl der Einzelstämme der Durchmesserklasse gewogene Mittelhöhe, und die Klassenformzahl

$$f_i = \frac{\Sigma g_j \cdot h_j \cdot f_j}{\Sigma g_j \cdot h_j}$$

ist die mit Grundfläche und Höhe der Einzelstämme der Durchmesserklasse gewogene Formzahl.

Von der „wahren" Klassenderbholzmasse und der „wahren" Klassengrundfläche ausgehend, konnte ich auf diese Weise also auch die „wahren" Höhen- und Formzahlwerte der Klassen berechnen. Als Beweis für die Richtigkeit dieses Vorgehens werte ich die Tatsache, daß trotz unterschiedlicher „wahrer" Massen in den Übersichten 9 und 10 in beiden Fällen auf 2 Stellen hinter dem Komma genau dieselben Klassenmittelhöhen berechnet werden konnten. Ein Ablesen der Klassenhöhen- und -formzahlmittelwerte aus Höhen- und Formzahlkurve hätte auf jeden Fall kleine Fehler mit sich gebracht. Dabei wären die Formzahlwerte noch ungenauer als die Höhenwerte gewesen.

Dies kann wie folgt bewiesen werden:

Die Bestandesformhöhenkurve kann aus den „wahren" Massenwerten ebenfalls als ein „wahrer" Wert abgeleitet werden, indem die gemessene Masse durchmesserstufen- oder klassenweise durch die entsprechende gemessene Grundfläche dividiert wird. Die so entstehende Formhöhenkurve ist in Abb. 35 dargestellt. Es ist augenscheinlich, daß die in derselben Abb. 35 dargestellte Bestandeshöhenkurve auf der Grundlage von 2 cm-Durchmesserstufen-Mittelwerten sehr gut dem Verlauf der „wahren" Formhöhenkurve entspricht. Es ist nun zu prüfen, ob entweder die Bestandeshöhenkurve oder die Bestandesformzahlkurve dem „wahren" Testwert Bestandesformhöhenkurve näher kommt. Dabei gehen wir so vor, daß wir einmal die Höhenkurvenwerte der 5 cm-Durchmesserklassenmittelstämme durch die entsprechenden „wahren" Formhöhenkurvenwerte dividieren und zum anderen die Formzahlkurvenwerte derselben Mittelstämme ebenfalls wieder durch die „wahren" Formhöhenkurvenwerte. Wir erhalten bei sechs 5 cm-Durchmesserklassen zweimal 6 Quotienten, die wir durch Multiplikation mit 100 als Prozentwerte ausdrücken. Für beide Prozentreihen errechnen wir die Variabilitäts-

koeffizienten $s_x\%$ und erhalten für das prozentuale Verhältnis der Höhenkurvenwerte zu den „wahren“ Formhöhenkurvenwerten $s_x\% = 1{,}17$, für das prozentuale Verhältnis der Formzahlkurvenwerte zu den „wahren“ Formhöhenkurvenwerten $s\ \% = 7{,}8$, woraus die größere Sicherheit der Höhenkurve klar ersichtlich ist.
In den beiden Übersichten 9 und 10 sind zu Vergleichszwecken als rote Zahlen die arithmetischen Mittel der Klassendurchmesser, -höhen und -formzahlen angegeben. Sie weichen von den „wahren“ Klassenmittelwerten derart geringfügig ab, daß eine Massenberechnung nach dem „Eberswalder Verfahren“ unter Benutzung der arithmetischen Klassenmittelhöhen und der arithmetisch mittleren Klassenformzahlen 99,95% der „wahren“ Masse ergibt.

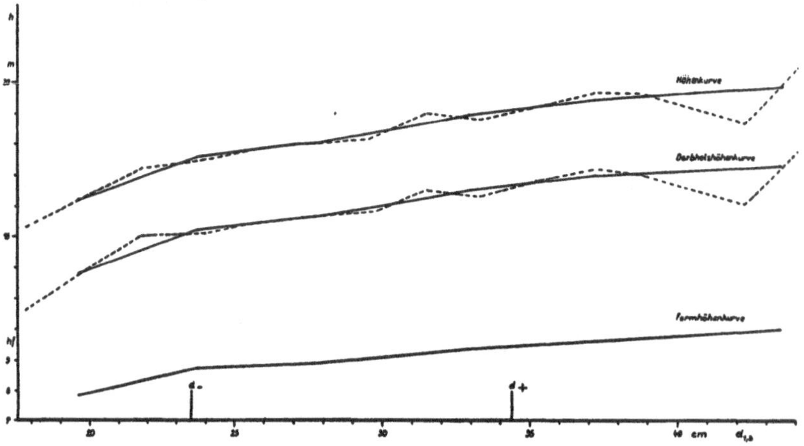

Abb. 35. Finowtal 211, Kiefer. Bestandes-Höhen-, -Derbholzhöhen- und -Formhöhenkurve.
auf 2 cm-Durchmesserstufen-Basis = — — —
auf 5 cm-Durchmesserklassen-Basis = ———

Die Prozentzahlen in Spalte 10 der Übersicht 9 geben die Gesamtderbholzmasse der jeweiligen Klasse in Prozent der Schaftderbholzmasse der betreffenden Klasse an und stimmen mit dem Unterschied in den Klassenformzahlen zwischen Übersicht 9 und 10 völlig überein. Dieselben Prozentwerte sind über den entsprechenden Durchmessern auch aus der Kurve der Abb. 40 abzulesen. Schließlich ist zu Übersicht 9 Spalte 11 noch zu bemerken, daß die dort in Klammern angegebenen Klassenwerte $g_i \cdot h_i$ zur Deutlichmachung des Zustandekommens des Summenwertes

$$\Sigma g_i \cdot h_i = 174{,}750133$$

zur Berechnung der Kreisflächenmittelhöhe eingefügt sind und ebenfalls abweichend vom sonst Üblichen in den Spalten 8 und 9 beider Übersichten als grüne Zahlen die „wahren“ Formhöhenwerte der Klassen

$$hf_i = \frac{v_i}{g_i}.$$

Die graphischen Darstellungen der Abb. 35—40 veranschaulichen die in den Übersichten 9 und 10 niedergelegten Zahlenwerte. Aus den 3 Darstellungen der Bestandesformzahlkurve wird deutlich der Einfluß des Astderbholzes auf den Verlauf der Kurve sichtbar. Nur durch das Hinzukommen des Astderbholzes wird der mit steigendem Durchmesser an sich fallende Trend der Kurve in einen leicht steigenden umgewandelt.

Im Gegensatz zu Abb. 35, in der die Bestandeshöhenkurve durch geradlinig verbundene Höhenmittelwerte von Durchmesserstufen bzw. -klassen dargestellt ist, zeigt Abb. 39 den gesamten Höhenstreurahmen der 139 Einzelstämme. Die eingezeichnete Ausgleichskurve wurde als Funktion 2. Grades einmal nach dem schon bei der Massenkurvenberechnung nach KRENNS Vorschlag (32, S. 57) angewandten Verfahren über die 3 für die Form der Ausgleichsparabel ausschlaggebenden Wertepaare h_-/d_-, h_+/d_+ und ein drittes dazwischenliegendes, das die

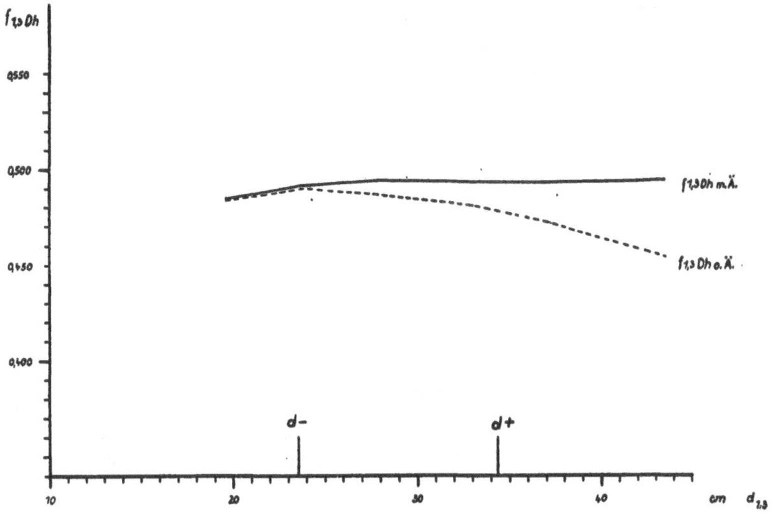

Abb. 36. Finowtal 211, Kiefer. Bestandesderbholzformzahlkurve mit und ohne Berücksichtigung des Astderbholzes.

Kurve ebenfalls entscheidend charakterisiert, berechnet. Es mußte dabei weiterhin die Bedingung erfüllt sein, daß

$$h_- + h_+ = \frac{2\,\Sigma h}{N}.$$

Im zweiten Falle erfolgte die Höhenkurvenberechnung über in 0,5 m-Höhen- und 1 cm-Durchmesserklassen zusammengefaßte Wertepaare nach dem Schema HUGERSHOFF-THIELE (60). Auf diese Weise konnten wiederum der Korrelationskoeffizient r für nichtlineare Korrelation und die Streuung um die Höhenkurve $\sigma_{v_y}\%$ und damit ihre Genauigkeit berechnet werden.

Die beiden nach den genannten verschiedenen Verfahren berechneten Ausgleichsfunktionen, die annähernd die gleichen Werte liefern, lauten im ersten Fall

$$h = 11{,}53446430 + 0{,}31400417\, d_{1,3} - 0{,}00278027\, d_{1,3}^2$$

und im zweiten Fall

$$h = 10{,}88086 + 0{,}356775\, d_{1,3} - 0{,}0033741\, d_{1,3}^2.$$

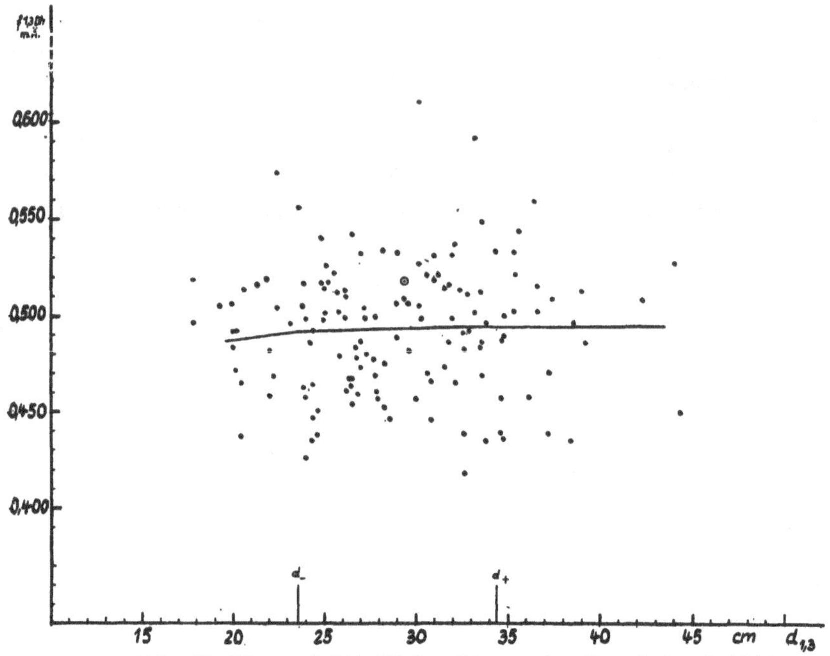

Abb. 37. Finowtal 211, Kiefer. Die unechte Brusthöhenderbholzformzahl $f_{1,3\,Dh\,m.Ä.}$ sämtlicher 139 Stämme über dem Brusthöhendurchmesser.

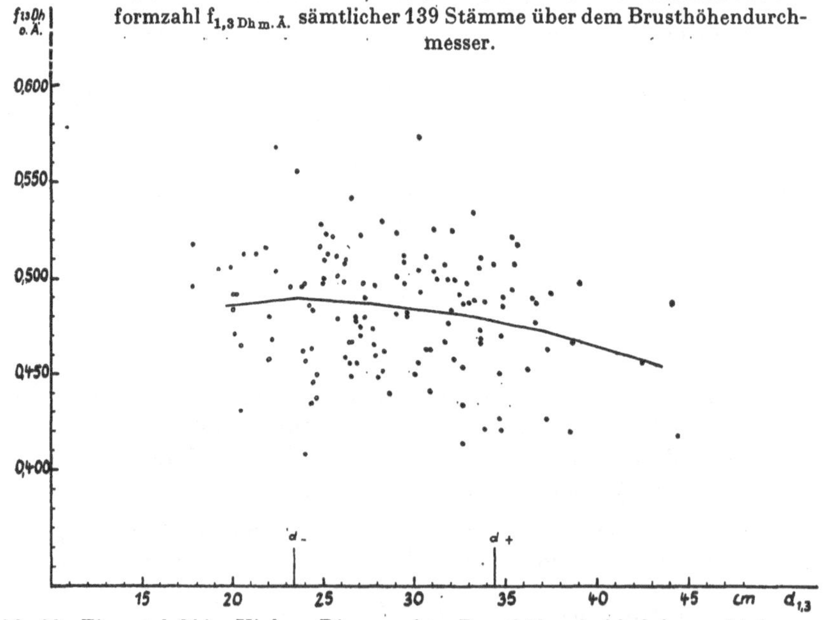

Abb. 38. Finowtal 211, Kiefer. Die unechte Brusthöhenderbholzformzahl $f_{1,3\,Dh\,o.Ä}$ sämtlicher 139 Stämme über dem Brusthöhendurchmesser.

∘ = Stämme ohne Astderbholz

• = Stämme mit Astderbholz, das jedoch in diesem Falle nicht berechnet wurde.

Sie gleichen das Höhenstreuband einigermaßen zufriedenstellend, vor allem im Bereich d_-/d_+, aus. Ein Ausgleich über eine Funktion 3. Grades hätte wahrscheinlich ein günstigeres Ergebnis gebracht.

Von einer gewissen Bedeutung ist es weiterhin, einmal ein exaktes Maß für die Straffheit der Beziehung h/d einer Höhenkurve in Form des Korrelationskoeffizienten zu bekommen. Für Finowtal 211 ergab sich mit

$$r = 0{,}6917 \pm 0{,}0442$$

ein Korrelationskoeffizient, der sich sehr gut gesichert von Null unterscheidet, da seine Prüfgröße

$$t = \frac{r}{\sqrt{1 - r^2}} \cdot \sqrt{N - 2} = \frac{0{,}6917}{\sqrt{1 - 0{,}4784654}} \cdot \sqrt{137} = 11{,}210852$$

die Tabellenwerte t für S = 99,9% mit 3,373 bei 120 und 3,361 bei 140 Freiheitsgraden erheblich übertrifft. Das Bestimmtheitsmaß $B = r^2 = 0{,}4785$ macht für die Finowtaler Höhenkurve die immerhin interessante Aussage, daß noch nicht einmal zu 50% eine Änderung in der Höhe durch eine solche relativ gleichen Ausmaßes im Brusthöhendurchmesser hervorgerufen wird.

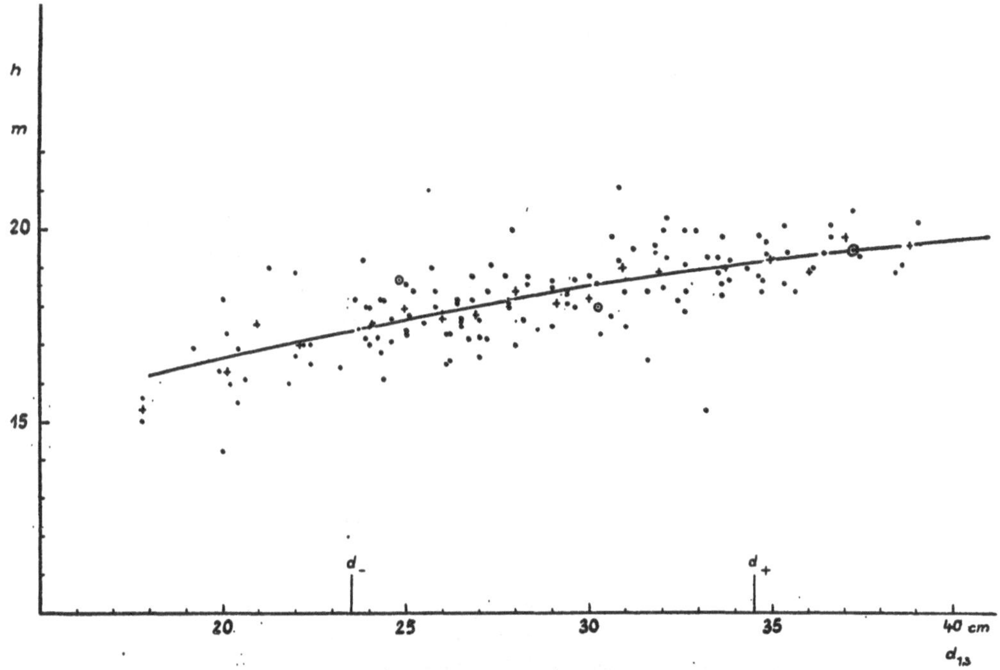

Abb. 39. Finowtal 211, Kiefer. Baumhöhen sämtlicher 139 Stämme über dem Brusthöhendurchmesser.
+ + + = Höhenmittelwerte von 2 cm-Durchmesserstufen
——— = berechnete Ausgleichskurve

Die Streuung um die Höhenkurve hat den Wert

$$\sigma_{v_y} = 0{,}90 \text{ m}$$

bzw.

$$\sigma_{v_y}\% = \frac{0{,}90 \text{ m} \cdot 100}{18{,}28 \text{ m}} = 4{,}92.$$

Sie hält sich also in dem von ASSMANN (3), KRENN (32) und PRODAN (50) angegebenen Rahmen. Soll ein einzelner Höhenwert mit einer Genauigkeit von 2% über diese Höhenkurve bestimmt werden, so sind nach

$$G\,\% = \frac{1{,}3\, s_x\% \cdot t}{\sqrt{N}}$$

und

$$\left(\frac{1{,}3 \cdot 4{,}92\% \cdot 1{,}977}{2\%}\right)^2 = N$$

knapp 40 Einzelhöhenmessungen zur Konstruktion dieser Höhenkurve erforderlich.

In vorliegender Genauigkeitsberechnung geht die Anwendung des Faktors 1,3 $s_x\%$ auf eine NÄSLUNDsche Untersuchung (46) zurück. Danach wird der mittlere Fehler einer Höhenkurve um 25–40% zu klein gefunden, wenn er nach TISCHENDORFs Vorschlag (61) einfach über

$$\frac{s_x\%}{\sqrt{N}}$$

berechnet wird. Die Verwendung dieser einfachen Fehlerformel setzt nach NÄSLUND (S. 164) voraus, daß der Zusammenhang zwischen Höhe und Durchmesser linear und die Verteilung der Probestämme äquidistant ist, die wirklichen Höhenkurvenfehler dagegen werden nach seinen Untersuchungen am besten über die approximativen empirischen Formeln

$$\varepsilon_y = \frac{1{,}25 \text{ bis } 1{,}30\, \sigma}{\sqrt{N}} \text{ für Kiefer}$$

und

$$\varepsilon_y = \frac{1{,}30 \text{ bis } 1{,}40\, \sigma}{\sqrt{N}} \text{ für Fichte}$$

gefunden (S. 165).

Die ertragskundlichen Daten für den Kahlschlagbestand Finowtal 211 sind nunmehr in allen Einzelheiten auch in Form ihrer als „wahr" anzusprechenden Werte bekannt. Sie sind eine sichere Testgröße für alle möglichen Massenermittlungsverfahren. Es kann daher mit der Beschreibung des modifizierten Eberswalder Verfahrens mit deduktiver Derbholzformzahlherleitung begonnen werden. Die Anregung zur deduktiven Herleitung der unechten Brusthöhenderbholzformzahl erhielt ich durch die Arbeit von ALTHERR im Forstwissenschaftlichen Centralblatt 1953 „Genaue Sortimentierung und Bewertung von Nadelholzbeständen mit Hilfe „echter“ Ausbauchungsreihen“ (2). ALTHERR zeigt darin, wie mit Hilfe eines von ihm konstruierten Schaftkurvenrechenschiebers unter Zugrundelegung einer durchschnittlichen „Formkurve“ (= Schaftkurve in Relativwerten ausgedrückt) entlang dieser Kurve in jeder gewünschten Schafthöhe der zugehörige Durchmesser abgelesen werden kann. Er begnügt sich dabei mit einer „Formkurve“, die gemäß HOHENADL auf 5 Ausbauchungswerten aufbaut und erzielt damit für Sortimentierungszwecke eine genügend große Genauigkeit.

Um das Prinzip dieses ALTHERRschen Schaftkurvenrechenschiebers der bestandesindividuellen Massenberechnung im Eberswalder Verfahren dienlich machen zu können, hätte aus bereits dargelegten Gründen von vornherein mit einer aus 15 echten Ausbauchungswerten konstruierten „Formkurve“ gearbeitet werden müssen. In der technischen Durchführung stieß dieses Vorhaben insofern auf Schwierigkeiten, als zur Erreichung der für diesen Zweck erforderlichen Genauigkeit ein sehr großes Format dieses Rechenschiebers zu wählen gewesen wäre, das das von ALTHERR für seine Ablesegenauigkeit in Größe eines kleinen Reißbretts geforderte an Größe noch übertroffen haben würde.

Es mußte daher nach einem anderen Wege gesucht werden, aus der Schaftformkurve eines Bestandes die Durchmesser in bestimmten Höhen am Schaft zu interpolieren. Für Sortimentierungszwecke müssen zur Zerlegung des Schaftes in verschiedene Sortimente unter Umständen eine ganze Reihe von Durchmessern in entsprechenden Schafthöhen bekannt sein, im Falle der deduktiven Herleitung der unechten Formzahl aus der „echten“ Schaftformkurve ist dagegen immer nur ein Durchmesser zu bestimmen: der zu einem bestimmten $d_{1,3}$-Wert gehörende Wert $d_{0,9}$. Des weiteren ist die Höhe der Derbholzgrenze am Schaft zu ermitteln, die jedoch — bei einer genügend großen Anzahl liegend gemessener Stämme — auch einer Derbholzhöhenkurve (Abb. 35) entnommen werden kann. Der Wert $d_{0,9}$ muß rein theoretisch bei Stämmen bis zu 13 m Höhe größer als $d_{1,3}$ sein, bei höheren kleiner als der Brusthöhendurchmesser. Auf jeden Fall werden beide Werte mit Ausnahme von sehr hohen Stämmen stets im Wurzelanlaufbereich des Schaftes und damit in dem besonders stark gekrümmten Teil der Schaftkurve liegen, so daß eine lineare Interpolation von $d_{0,9}$ und auch $d_{1,3}$ aus dem unteren Teil der Schaftkurve nicht in Frage kommen kann. KRENN hat daher im Rahmen seiner Untersuchungen der HOHENADLschen echten Schaftholzformzahl die Interpolation von $d_{0,9}$-Werten aus starren 2 m-Sektionen mit Hilfe doppelt logarithmisch geteiltem Millimeterpapiers durchgeführt und somit der Krümmung des Wurzelanlaufs Rechnung getragen (32, S. 74). Eine weitere Möglichkeit, für bestimmte $d_{1,3}$-Werte die zugehörigen $d_{0,9}$-Werte zu ermitteln, besteht darin, sie über den HOHENADLschen Formquotienten

$$q_H = \frac{d_{1,3}}{d_{0,9}}$$

durch die Umformung in $d_{0,9} = \frac{d_{1,3}}{q_H}$ zu gewinnen, und die einfachste Bestimmung eines zu einem bestimmten $d_{1,3}$ gehörenden $d_{0,9}$ erfolgt über die lineare, fast funktionale Beziehung $d_{0,9} = f(d_{1,3})$, wie diese Zusammenhänge unter 242.2 gefunden wurden.

Übersicht 11

Herleitung von $d_{0,9}$ für bestimmte $d_{1,3}$-Werte nach verschiedenen Methoden

$d_{1,3}$ cm	$d_{0,9}$ cm ,,wahrer" Wert	linear interpoliert	in doppelt logarithmisch geteiltem Papier interpoliert	nach $d_{0,9} = f(d_{1,3})$
19,6	18,88	18,64	18,93	18,88
23,7	22,58	22,32	22,72	22,63
27,8	26,37	26,10	26,55	26,37
33,0	31,05	30,81	31,37	31,13
37,2	34,97	34,41	35,06	34,96
43,5	40,77	39,93	40,83	40,72

In Übersicht 11 sind für Finowtal 211 für die Mitteldurchmesser der 5 cm-Durchmesserklassen die nach den eben angegebenen möglichen Methoden der Herleitung von $d_{0,9}$ für ein bestimmtes $d_{1,3}$ gefundenen $d_{0,9}$-Werte dargestellt. Es geht daraus klar die äußerst gute Brauchbarkeit der über die Beziehung $d_{0,9} = f(d_{1,3})$ hergeleiteten Werte in Spalte 5 hervor. Sie stimmen im Gegensatz zu denjenigen der Spalte 3, die durch lineare Interpolation im Wurzelanlaufbereich gefunden wurden, sehr gut mit den ,,wahren" Werten in Spalte 2 überein.

Diese ,,wahren" Testwerte sind die 5 cm-durchmesserklassenweise arithmetisch gemittelten Einzelmeßwerte von $d_{0,9}$.

Wir sind nunmehr in der Lage, aus der durchschnittlichen echten Ausbauchungsreihe von Finowtal 211 für die 6 Klassenmittelstämme rein deduktiv ihre Masse bzw. unechte Brusthöhenderbholzformzahl abzuleiten. Als Durchmesser- und Höhenwerte benutzen wir dafür zur einwandfreien Vergleichbarkeit die in den Übersichten 9 und 10 angegebenen, als $d_{0,9}$-Werte die ,,wahren" $d_{0,9}$-Werte der Übersicht 11. Die η_i- bzw. η_i^2-Werte, und ihre Meßhöhen am Schaft für die 6 Klassenmittelstämme sind in Übersicht 12 dargestellt.

Die Berechnung der Einzelstamm-Schaftholzmasse über die ,,echte" Ausbauchungsreihe erfolgt gemäß PRODAN (50, S. 18) sinngemäß für 15 Ausbauchungswerte nach der Gleichung

$$v = \frac{\pi}{4} d_{0,9}^2 \cdot \frac{L}{15} \cdot \sum_{1}^{15} \eta_i^2 .$$

Übersicht 12

Klassenmittelstammhöhen		16,2	17,6	18,0	19,0	19,5	19,9 m
η_i = 1,168	η_i^2 = 1,364	0,54	0,59	0,60	0,63	0,65	0,66
1,000	1,000	1,62	1,76	1,80	1,90	1,95	1,99
0,936	0,876	2,70	2,93	3,00	3,17	3,25	3,32
0,895	0,801	3,78	4,11	4,20	4,43	4,55	4,64
0,851	0,724	4,86	5,28	5,40	5,70	5,85	5,97
0,810	0,656	5,94	6,45	6,60	6,97	7,15	7,30
0,771	0,594	7,02	7,63	7,80	8,23	8,45	8,62
0,727	0,529	8,10	8,80	9,00	9,50	9,75	9,95
0,686	0,471	9,18	9,97	10,20	10,77	11,05	11,28
0,640	0,410	10,26	11,15	11,40	12,03	12,35	12,60
0,575	0,331	11,34	12,32	12,60	13,30	13,65	13,93
0,478	0,228	12,42	13,49	13,80	14,57	14,95	15,26
0,344	0,118	13,50	14,67	15,00	15,83	16,25	16,58
0,193	0,037	14,58	15,84	16,20	17,10	17,55	17,91
0,055	0,003	15,66	17,01	17,40	18,37	18,85	19,24
	$\sum_{1}^{15} \eta_i^2 = 8{,}142$						

Um von diesem Schaftholzwert auf Derbholz zu kommen, ist einmal das Gipfelstück des Schaftes abzuziehen, das kein Derbholz enthält, und zum anderen das etwaige Astderbholz hinzuzufügen. Es muß deswegen zunächst über die echte Ausbauchungsreihe des Bestandes die Derbholzhöhe des betreffenden Stammes berechnet werden. Dies geschieht nach folgender Überlegung und wird als Beispiel praktisch durchgeführt am Klassenmittelstamm der ersten 5 cm-Durchmesserklasse des Finowtaler Bestandes, der einen Brusthöhendurchmesser von 19,6 cm und eine Höhe von 16,2 m hat.

Der Ausbauchungswert an der Derbholzgrenze für die Derbholzhöhe muß sein

$$\eta_{\text{Dh.h.}} = \frac{7\text{ cm}}{d_{0,9}} = \frac{7\text{ cm}}{18{,}9\text{ cm}} = 0{,}370,$$

und da der in Betracht gezogene Mittelstamm 16,2 m hoch ist, liegt er bei für Finowtal 211 vorliegender „echter“ Ausbauchungsreihe zwischen den η_i-Werten 0,478 und 0,344, also zwischen 12,42 und 13,50 m Höhe am Schaft, wie aus Übersicht 12 leicht ersichtlich ist. Im Bereich der Derbholzgrenze ist die Schaftkurve auch unter extremen Verhältnissen kaum gekrümmt, so daß hier eine lineare Interpolation der Derbholzhöhe[6]) ohne weiteres berechtigt ist. Wir erhalten

[6]) Die interpolierte Derbholzhöhe wird infolge der Schwankungen der η_i-Werte einer durchschnittlichen Bestandesausbauchungsreihe gerade im oberen Schaftteil meist nicht auf den Dezimeter genau mit dem „wahren“ Wert übereinstimmen. Die dadurch entstehenden Formzahl- und Massenfehler sind jedoch sehr klein und gleichen sich über der gesamten Durchmesserspreite aus.

demnach für die Derbholzhöhe Dh.h. die Zahlenwerte

$$\begin{array}{rrl} \eta_i & \text{m} & \text{m} \\ 0{,}478 & 12{,}42 & \multirow{2}{*}{\}12{,}96 = \text{Mittelwert}} \\ -\ 0{,}344 & -\ 13{,}50 & \\ \hline = |0{,}134| & = |1{,}08| & = \text{Grenzwert zwischen diesen beiden Sektionen} \end{array}$$

$$\begin{array}{r} \eta_i \\ 0{,}478 \\ -\ 0{,}370 \\ \hline = |0{,}108| \end{array}$$

oder in Worten ausgedrückt: Im Derbholzhöhenbereich entspricht die Differenz $|0{,}134|$ der beiden diesen Bereich einschließenden η_i-Werte einer Höhendifferenz von $|1{,}08|$, und die Differenz zwischen dem dem Stammfuß näheren η_i-Wert 0,478 und dem $\eta_{\text{Dh.h.}}$ 0,370 ist $|0{,}108|$. Nach einer einfachen Dreisatzrechnung

$$\frac{1{,}08\ \text{m} \cdot 0{,}108}{0{,}134} = 0{,}33\ \text{m}$$

müssen demnach zu 12,42 m 0,33 m hinzugefügt werden, um die Derbholzhöhe 13,29 m zu bekommen. Von dieser Derbholzhöhe wissen wir, daß sie oberhalb des η_i-Wertes 0,478 liegt. Bei der Schaftderbholzmassenberechnung nach der PRODANschen Formel sind demnach die η_i^2-Werte, die am Schaft über dem η_i-Wert 0,478 liegen, von

$$\sum_1^{15} \eta_i^2$$

abzuziehen. Für unser Beispiel ergibt sich danach

$$\begin{array}{rl} \sum\limits_1^{15} \eta_i^2 & = 8{,}142 \\ & -\ 0{,}118 \\ & -\ 0{,}037 \\ & -\ 0{,}003 \\ \hline & = 7{,}984 = \sum\limits_1^{15} \eta_i^2 - \sum \eta_i^2 \text{ Gipfelstück.} \end{array}$$

Führen wir nun mit diesem Wert die Schaftderbholzmassenberechnung nach PRODAN durch, so erhalten wir

$$v_{\text{SDh}} = g_{0,9} \cdot \frac{L}{15} \cdot \left(\sum_1^{15} \eta_i^2 - \sum \eta_i^2 \text{ Gipfelstück} \right)$$

$$= 0{,}0281\ \text{m}^2 \cdot 1{,}080\ \text{m} \cdot 7{,}984 = 0{,}242\,298\ \text{fm}.$$

Dieser Schaftderbholzmassenwert ist jedoch noch nicht vollständig. Es fehlt der Derbholzinhalt des Schaftteiles zwischen dem Grenzwert der letzten in vorstehender Gleichung berechneten Sektion in 12,96 m Höhe am Schaft und der Derbholzhöhe 13,29 m. Er wird entsprechend der PRODANschen Formel wie folgt berechnet:

$$v_\Delta = 0{,}0281\ m^2 \cdot 0{,}33\ m \cdot 0{,}118 = 0{,}001094\ fm,$$

worin 0,118 derjenige η_i^2-Wert ist, dessen Sektionsbereich nur zum Teil, nämlich nur mit den unteren 33 cm der Sektionslänge 1,08 m, noch unterhalb der Derbholzgrenze liegt.

Die wirkliche, aus der „echten“ Bestandesausbauchungsreihe berechnete Schaftderbholzmasse für den Mittelstamm der niedrigsten 5 cm-Durchmesserklasse ist somit

$$\begin{aligned} v_{SDh} &= 0{,}242298\ fm \\ &\underline{+\ 0{,}001094\ fm} \\ &= 0{,}243392\ fm. \end{aligned}$$

Dieser Wert ergibt durch Multiplikation mit der Klassenstammzahl N = 10 die Klassenmasse 2,43392 fm, das sind 102,68% der in Übersicht 10 angegebenen „wahren“ Klassenmasse. Dividieren wir die Mittelstamm-Masse 0,243392 durch die dazugehörige Idealwalzenmasse $g_{1,3} \cdot h = 0{,}0302\ m^2 \cdot 16{,}2\ m = 0{,}48924\ m^3$, so erhalten wir die unechte Brusthöhenderbholzformzahl (ohne Astderbholz) 0,4975, die wir in diejenige umrechnen können, die auch das Astderbholz einschließt, indem wir sie mit dem Derbastholzprozent der Klasse multiplizieren und ihr den erhaltenen Wert zuschlagen. Nach Übersicht 9 hat dieses Prozent, das im allgemeinen einer Derbastholzkurve entnommen werden muß, den äußerst geringen Wert von 0,14, so daß sich 0,4982 für $f_{1,3\,Dh\,m.\,A.}$ ergibt, 0,243733 fm für den Klassenmittelstamm und 2,43733 fm = 102,68% der „wahren“ Masse für die Klassenmasse.

Zur nochmaligen Veranschaulichung der erforderlichen Rechengänge für die deduktive Herleitung der unechten Derbholzformzahl aus der „echten“ Ausbauchungsreihe werden diese im folgenden für den Klassenmittelstamm der Durchmesserklasse 21–25 cm durchgeführt:

$$d_{1,3} = 23{,}7\ cm;\quad g_{1,3} = 0{,}0441\ m^2;\quad h = 17{,}6\ m$$

$$d_{0,9} = 22{,}6\ cm;\quad g_{0,9} = 0{,}0401\ m^2;\quad \frac{7\ cm}{22{,}6\ cm} = 0{,}310$$

$$\text{Derbastholzprozent} = 0{,}52\%;\ n_i = 30$$

Derbholzhöhe:

$$\left.\begin{array}{l} \begin{array}{rr} & \eta_i \\ & 0{,}344 \\ - & 0{,}193 \\ \hline = & |0{,}151| \end{array} \quad \begin{array}{rr} & \\ & 14{,}67\ m \\ - & 15{,}84\ m \\ \hline = & |1{,}17\ m| \end{array} \left.\begin{array}{l} \\ \\ \\ \end{array}\right\}\ 15{,}26\ m \\[2ex] \begin{array}{rr} & \eta_i \\ & 0{,}344 \\ - & 0{,}310 \\ \hline = & |0{,}034| \end{array} \quad \dfrac{1{,}17\ m \cdot 0{,}034}{0{,}151} = \begin{array}{rr} & 0{,}26\ m \\ + & 14{,}67\ m \\ \hline = & 14{,}93\ m \end{array} \end{array}\right\} - 0{,}33\ m$$

Masse:

$$
\begin{array}{rl}
0{,}0401\ \text{m}^2 \cdot 1{,}173\ \text{m} \cdot 8{,}102 & = 0{,}381\ 096\ \text{fm} \\
-0{,}0401\ \text{m}^2 \cdot 0{,}33\ \ \text{m} \cdot 0{,}118 & = 0{,}001\ 561\ \text{fm} \\
\hline
 & = 0{,}379\ 535\ \text{fm} \\
+\ 0{,}52\% & = 0{,}001\ 974\ \text{fm} \\
\hline
 & = 0{,}381\ 509\ \text{fm}
\end{array}
$$

$$\text{Vfm Dh. o. Ä.} = 11{,}38605 = 99{,}61\%;\quad f_{1,3\ \text{Dh o. Ä.}} = 0{,}4890$$

$$\text{Vfm Dh. m. Ä.} = 11{,}44527 = 99{,}62\%;\quad f_{1,3\ \text{Dh m. Ä.}} = 0{,}4915$$

Über die deduktive Methode der Herleitung von Mittelstamm-Masse bzw. -brusthöhenderbholzformzahl erhalten wir für Finowtal 211 durch Aufsummieren der Klassenmassen

86,68468 fm Derbholz mit Derbholzästen = 100,55% der „wahren“ Masse und

84,56411 fm Derbholz ohne Derbholzäste = 100,56% der „wahren“ Masse, wobei in der schwächsten und in der stärksten 5 cm-Durchmesserklasse Massenfehler von +2,68% bzw. +4,48% entstehen, die jedoch wegen der niedrigen Stammzahlen in diesen beiden Klassen (10 bzw. 3 von insgesamt 139) nicht sonderlich ins Gewicht fallen. Die Klassenmassen der mittleren 4 Klassen, die 90,6% der Bestandesstammzahl N = 139 umfassen, werden dagegen mit den sehr geringen Fehlern −0,39%, +0,08%, +0,23% und +1,61% ermittelt.

Eine noch größere Genauigkeit kann selbstverständlich erzielt werden, wenn statt über die durchschnittliche echte Ausbauchungsreihe des gesamten Bestandes die Mittelstamm-Massen über durchschnittliche Ausbauchungsreihen kleinerer Durchmesserspannen, etwa gar derjenigen der 5 cm-Durchmesserklassen, hergeleitet werden. Ich habe dies probeweise für Finowtal 211 durchgeführt und bin zu dem Ergebnis gekommen, daß bei diesem Vorgehen — wie an und für sich auch gar nicht anders zu erwarten ist — auch die Masse der schwächsten und der stärksten Klasse mit einem hohen Genauigkeitsgrad erfaßt wird, so daß die Massenermittlung für den Gesamtbestand einen Fehler von nur +0,29% aufweist. Leider ist diese deduktive Massen- bzw. Formzahlherleitung über 5 cm-Klassen-Ausbauchungsreihen praktisch einfach deswegen nicht anwendbar, weil die einzelnen Klassen niemals mit der erforderlichen Probestammzahl aus dem Durchforstungsmaterial ausgestattet werden könnten, die zur Berechnung der Klassen-Ausbauchungsreihe erforderlich wäre. Es ist ja auch gerade der Vorteil des vorgeschlagenen deduktiven Formzahlermittlungsverfahrens, daß auf Grund der mehr oder weniger großen Unabhängigkeit der echten Schaftholzformzahl und damit der ihr zugeordneten echten Ausbauchungsreihe vom Brusthöhendurchmesser eine relativ geringe Anzahl von willkürlich auf die Durchmesservariationsbreite des Bestandes verteilten Durchforstungsstämmen zur Ermittlung einer mittleren Bestandesausbauchungsreihe als Grundlage der deduktiven Formzahlermittlung ausreicht.

Ein unsicherer Faktor des vorgeschlagenen Verfahrens wird leider stets die Ermittlung des Derbastholzprozentes in Beständen mit Astderbholz bleiben, die graphisch über die Derbastholzprozentkurve vor sich gehen muß. Diese Kurve ist nur so konstruierbar, daß für jeden aufgemessenen Durchforstungsstamm der prozentuale Anteil des Astderbholzes am Schaftderbholz ermittelt und dieser Prozentwert über dem Brusthöhendurchmesser aufgetragen wird. Nach dem Kurvenausgleich kann dann für jeden Klassenmitteldurchmesser das Derbastholzprozent der Kurve entnommen werden. Werden nun aber in einem Bestand mit Derbholzästen auf Grund einer mäßigen oder gar schwachen Niederdurchforstung nur zwischen- und unterwüchsige Stämme mit einem geringen und für den Gesamtbestand nicht repräsentativen Derbastholzprozent entnommen, so kann die Derbastholzprozentkurve gar nicht oder nur spekulativ und damit sehr unsicher gezogen werden. Andererseits wird man aber nach mehreren Aufnahmen für die meisten Flächen zu einer bestandesindividuellen Astderbholzkurve kommen und damit die Unsicherheiten in dieser Hinsicht weitgehend ausschalten.

In Finowtal 211 war durch die Vollsektionierung dieses Kahlschlages ein guter Einblick in die Derbastholzverhältnisse in Abhängigkeit vom Brusthöhendurchmesser möglich. Vor allem interessierte die Frage, ob eine stochastische lineare Abhängigkeit zwischen diesen beiden Variablen besteht. Es ist nämlich dann auch bei Vorliegen nur weniger Meßwerte durch graphische Extrapolation die Möglichkeit gegeben, sichere Derbastholzprozente für Durchmesserbereiche ohne Meßwerte zu ermitteln.

Der Einfluß des Astderbholzes auf die unechte Brusthöhenderbholzformzahl ist nach MITSCHERLICH (43, S. 385) bei den einzelnen Holzarten mit Derbholzästen unterschiedlich. Er fand, daß „selbst bei den Kiefern der Mark mit ihren breiten abgewölbten Kronen der Derbholzanteil der Äste eine verhältnismäßig geringe Rolle spielt", so daß trotz Derbastholzanteil die Formzahlkurve der Kiefer seines Untersuchungsmaterials mit wachsendem Durchmesser ebenfalls noch sinkt. Im Gegensatz dazu wird der schwach fallende Trend der Schaftderbholzformzahlkurve bei der Buche durch den Derbholzanteil in einen stetig steigenden umgewandelt. Außerdem stellt MITSCHERLICH für die Buche fest, daß sich „eine ganz gleichmäßige Zunahme des Astderbholzes mit steigendem Durchmesser" ergibt (43, S. 387).

Eine an und für sich gleichmäßige Zunahme des Astderbholzes mit steigendem Durchmesser ist nach Abb. 40 auch für Finowtal 211 festzustellen; diese Zunahme erfolgt jedoch nicht linear, sondern in Form einer Funktion 2. Grades gemäß der in die Abb. 40 eingezeichneten Ausgleichskurve. Nun ist diese Ausgleichsparabel nur schwach gekrümmt und weicht eigentlich nur im Bereich der stärksten Durchmesser entscheidend von der gleichfalls in die Abb. 40 eingezeichneten Ausgleichsgeraden ab. Das Streubild der Derbastholzprozente über $d_{1,3}$ läßt weiterhin eine Massierung der Einzelwerte zwischen den Durchmessern $\sim$20 bis $\sim$40 cm erkennen, die leicht durch eine Gerade ausgeglichen werden könnten. Darüber liegt eine sehr aufgelockerte Streuwolke von Einzelwerten, die nach der durchgeführten Kronen- und Schaftansprache vorzugsweise zu relativ protzig erwachsenen Stämmen mit ästigen Kronen gehören, die jedoch das gesamte Streuband dergestalt beeinflussen, daß kein linearer Ausgleich mehr er-

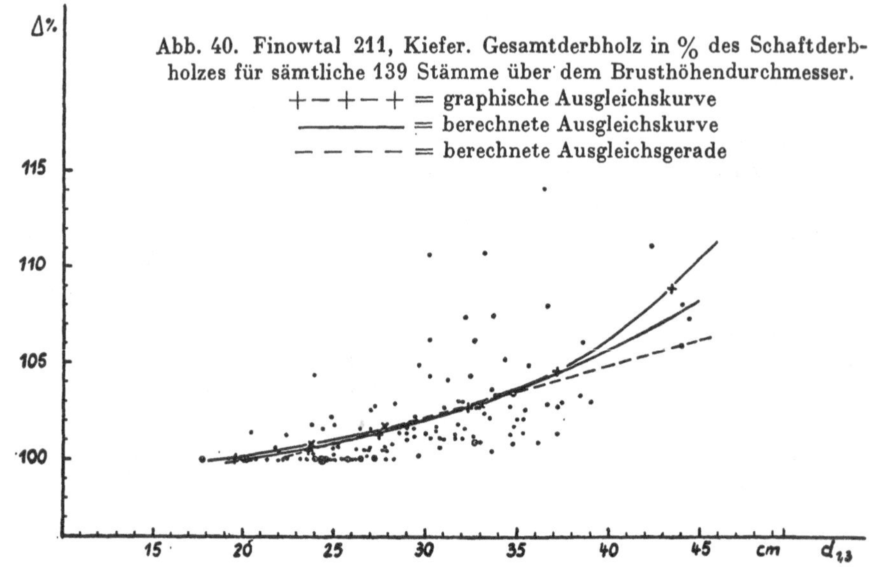

Abb. 40. Finowtal 211, Kiefer. Gesamtderbholz in % des Schaftderbholzes für sämtliche 139 Stämme über dem Brusthöhendurchmesser.
+ — + — + = graphische Ausgleichskurve
———— = berechnete Ausgleichskurve
– – – – – = berechnete Ausgleichsgerade

folgen kann. Mathematisch-statistisch gesehen äußert sich diese Tatsache folgendermaßen: Wird die Straffheit der Beziehungen zwischen dem Derbastholzprozent und $d_{1,3}$ über eine Korrelationsrechnung mit linearem Ansatz berechnet, so ergeben sich ein „statistisch sehr gut gesichert" von Null abweichender Korrelationskoeffizient $r = 0{,}5978 \pm 0{,}0545$ und eine Ausgleichsgerade

$$\Delta\% = 0{,}27248\, d_{1,3} - 5{,}95285.$$

Beide Ergebnisse müssen jedoch als falsch betrachtet werden, da nach Prüfung der Form der Regressionslinie nach 4 verschiedenen Testmethoden, von denen die FISHER-LINDERsche wieder angegeben werden soll, übereinstimmend eine Nichtlinearität der Regression gefunden wurde. Nach FISHER-LINDER erhalten wir die folgende Varianztabelle:

Tabelle 11

Art der Streuung	Quadratsummen	Freiheitsgrade	Durchschnitt der Quadratsummen
Innerhalb der Spalten	416,68208	N—M = 115	3,62332
Zwischen den Spalten	432,60	M—1 = 23	
Gesamte Streuung	849,28208	N—1 = 138	
Regressionsgerade	303,48	1	
Um Regressionsgerade	129,12	M—2 = 22	5,869
Zwischen den Spalten	432,60	M—1 = 23	

Ist in der Grundgesamtheit die Regression geradlinig, so sind nach LINDER (39) die Abweichungen „Innerhalb der Spalten" und auch diejenigen „Um die Regressionsgerade" zufällig verteilt. Die bezüglichen Streuungen sind Schätzungen der Grundgesamtheit. Ihr Verhältnis wird mittels der F-Verteilung geprüft. Es ergeben sich ein

$$F = \frac{5,869}{3,62332} = 1,61978$$

und unter Zugrundelegung der konventionell festgelegten Überschreitungswahrscheinlichkeit P = 0,05 für

	$n_1 = 12$	$n_2 = 24$
$n_1 = 60$	1,918	1,700
$n_2 = 120$	1,834	1,608.

Der berechnete F-Wert, für den die Freiheitsgrade $n_1 = 22$ und $n_2 = 115$ zu veranschlagen sind, liegt ganz leicht oberhalb des für ihn in Frage kommenden Tabellenwertes 1,608, er überschreitet damit die Integralgrenzen von F und zeigt Nichtlinearität der Regression an.
Über eine neuerliche Korrelationsrechnung nichtlinearer Regression wurde daraufhin ein Korrelationskoeffizient $r = 0,6095 \pm 0,0533$ berechnet, der durch seinen höheren Wert bereits angibt, daß ein Ausgleich des Derbastholz-Streubandes über $d_{1,3}$ nach

$$\Delta\% = 2,53052 - 0,32118\, d_{1,3} + 0,01003\, d_{1,3}^2$$

besser als der vorher durchgeführte lineare ist.
Nichtlinearität der Regression zwischen $\Delta\%$ und $d_{1,3}$ fand ich gleichfalls bei dem 69jährigen Eichsfelder Buchenbestand Leinefelde 12 I. Es muß daher befürchtet werden, daß das Astderbholzprozent sich nur in seltenen Fällen durch eine Gerade über dem Brusthöhendurchmesser ausgleichen läßt und einfache Extrapolationen infolgedessen nicht möglich sind. Bei der praktischen Durchführung der Derbastholzprozentbestimmung für die deduktive Formzahlherleitung wird man sich mit einem gutachtlichen graphischen Ausgleich der vorhandenen Meßwerte begnügen müssen, wie im nächsten Kapitel an einem Beispiel gezeigt werden soll.

42 Die Bestandesmassenberechnung über das modifizierte „Eberswalder Verfahren" im Vergleich mit anderen Massenermittlungsverfahren, dargestellt an einem Beispiel aus der Praxis der Versuchsflächenmassenermittlung

Vor dem Kahlabtrieb des bis dahin normal stark niederdurchforsteten Untersuchungsbestandes Finowtal 211 zeichnete ich ihn noch einmal nach rein waldbaulichen Gesichtspunkten in Form der bisher gehandhabten Durchforstung im

Beisein des langjährigen Verwalters des betreffenden Revierförsterbezirks „ideell“ aus. Durch diesen Durchforstungseingriff wären danach im ganzen 16 Stämme auf der Fläche entnommen worden, und zwar gemäß der Durchforstungsart vorzugsweise schwache Stämme, einige qualitativ schlechte und kränkelnde und nur wenige aus stärkeren Durchmesserklassen. Aus den Abb. 41, 42, 43 und 45 ist die Verteilung dieser „ideellen“ Durchforstungsstämme, die nun als Probestämme für die Massenberechnung verwendet werden sollen, auf die einzelnen Durchmesser ersichtlich. 5 von diesen 16 Stämmen haben geringere Durchmesser als der HOHENADLsche d_--Stamm, die restlichen 11 liegen im Durchmesserbereich d_-/d_+, und kein Stamm ist als Probestamm für die Durchmesser $> d_+$ vorhanden. Es ist also ein Beispiel, wie es einem auf Schritt und Tritt bei der Versuchsflächenbearbeitung begegnet: Der Durchforstungsanfall ist nur bedingt repräsentativ für alle Durchmesser des Bestandes, es fehlen Anhalte für den starken Durchmesserbereich, der für die Höhe der Gesamtmassenhaltung doch so überaus schwer wiegt.

Es ist nun die Genauigkeit festzustellen, die unter diesen Umständen mit den uns zur Verfügung stehenden Massenermittlungsverfahren erzielt werden kann. Wir können in unserem Falle jeden Fehler unbarmherzig aufdecken, da uns wirklich einmal der „wahre“ Testwert in Form der Kahlschlagaufnahme zur Verfügung steht.

421 *Das bisherige „Eberswalder Verfahren“*

In Anwendung der bisher üblichen Methodik des „Eberswalder Verfahrens“ ergibt sich die in Abb. 41 dargestellte Bestandesformzahlkurve aus den Meßwerten der 16 sektionsweise kubizierten „ideellen“ Durchforstungsstämme. Vergleicht man diese graphisch ausgeglichene Kurve mit der entsprechenden „wahren“ Kurve der Abb. 37, so fällt sofort auf, daß sie leicht fällt, anstatt mit zunehmendem Durchmesser leicht zu steigen. Dieser Fehler ist eben einfach darauf zurückzuführen, daß die starken Stämme nicht durch Meßwerte vertreten sind. Zudem sinkt nach den bisherigen Ergebnissen der Eberswalder Versuchsanstalt nach MITSCHERLICH (43, S. 385) die Kiefernformzahl trotz Einrechnung des Astderbholzes mit wachsendem Durchmesser. WIEDEMANN gibt für dieses Sinken Zahlen. Danach erfolgt der leichte Abfall der Kurve bei etwa 4/5 der untersuchten Bestände bei Steigen des Durchmessers um 1 cm um $\frac{2}{1000}$ (z. B. bei $d_{1,3} = 30$ cm $f_{1,3Dh} = 0{,}500$ dann bei $d_{1,3} = 35$ cm $f_{1,3Dh} = 0{,}490$) (64, S. 17).

Wie soll aber für unser Beispiel festgestellt werden, daß die Kurve einen von der Normalform abweichenden grundsätzlich anderen Verlauf hat? Die leicht fallende Formzahlkurve bedingt also von vornherein einen Massenfehler.

Wir unterstellen, daß dieser Massenfehler durch Fehler in der Bestandesgrundflächenermittlung nach Vollkluppung und in der Ermittlung der Höhen aus der Höhenkurve, die ja bei 40 Höhenmessungen, wie wir bereits festgestellt haben, eine Genauigkeit von 2% aufweist, nicht erhöht wird, führen die Massenberechnung nun über die „wahren“ Grundflächenwerte einer jeden 5 cm-Durchmesserklasse, über deren Mittelhöhen aus der Bestandeshöhenkurve (Abb. 35) und Formzahlwerte aus der Kurve der Abb. 37 durch und erhalten eine Bestandesmasse von 84,40448 fm = 97,91% der „wahren“ Masse, wobei sich der Massenfehler in den einzelnen Durchmesserklassen von der schwächsten zur stärksten

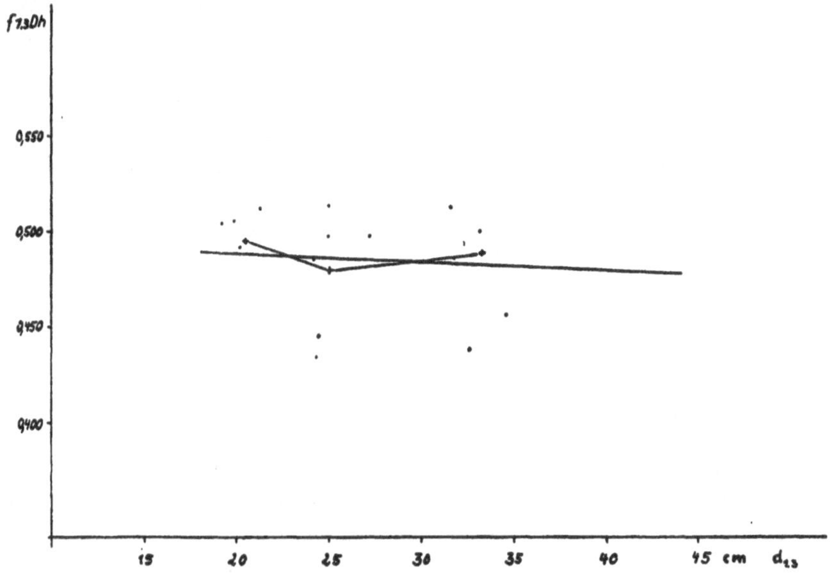

Abb. 41. Finowtal 211, Kiefer. Die unechte Brusthöhenderbholzformzahl von 16 „ideellen“ Durchforstungsstämmen über dem Brusthöhendurchmesser.

auf +0,1%, −1,62%, −1,88%, −2,43%, −1,95% und −3,50% beläuft. Die Fehler halten sich also noch in einem erträglichen Rahmen von durchschnittlich −2%, jedoch sind sie einseitig und steigen mit wachsendem Durchmesser. Die massenreicheren Klassen werden also ungenauer erfaßt.

422 *Das „Eberswalder Verfahren“ unter Benutzung der von MITSCHERLICH abgeleiteten Formeln für die Formzahlherleitung.*

An und für sich sind bei diesem Verfahren (43) keine liegenden Probestämme erforderlich. An stehenden Stämmen sind die für die Anwendung der Formeln notwendigen Durchmesserkluppungen in $d_{1,3}$, d_{5m} bzw. $d^1/_2$ der Baumhöhe durchzuführen. Auf die technischen Schwierigkeiten der Leiter- und Hochkluppenmessungen, auf die Fehler bei der optischen Durchmessermessung in höheren Schaftteilen und darauf, daß Messungen in $d^1/_2$ der Baumhöhe an stehenden Stämmen oft überhaupt nicht durchzuführen sind, soll hier nicht eingegangen werden.

MITSCHERLICH verlangt zur Bildung eines einigermaßen sicheren Mittelwertes für einen Kurvenpunkt der Formzahlkurve an 8–10 Stämmen des betreffenden Durchmessers die erforderlichen oben angegebenen Kluppungen (43, S. 423).

Ich kam für unser Beispiel dieser Forderung nach und wählte für die ersten fünf 5 cm-Durchmesserklassen im Bereich ihrer Mitteldurchmesser 10 Stämme aus, für die 6. und letzte Klasse mit insgesamt nur 3 Stämmen nahm ich diese Stämme alle drei.
Im ganzen stehen also die erforderlichen $d_{1,3}$-, d_{5m}- und $d^1/_2$ Baumhöhe-Werte von 53 Stämmen für die Formzahlberechnung nach den MITSCHERLICHschen Formeln zur Verfügung, das sind 38,13% der Gesamtstammzahl. Der Zeitaufwand der Ermittlung dieser Werte am stehenden Stamm übertrifft meiner Ansicht nach denjenigen für die sektionsweise Kubizierung der 16 „idellen" Durchforstungsstämme, ganz abgesehen von dem Gefahrenmoment, das die Leitermessung in sich birgt.
Für die Kiefer hat nun MITSCHERLICH zwei Möglichkeiten, die Formzahl formelmäßig herzuleiten, einmal über den Quotienten

$$\frac{d^1/_2 \text{ Baumhöhe}}{d_{1,3}}$$

und zum anderen über den Quotienten $\frac{d_{5m}}{d_{1,3}}$. Im ersten Fall ist nach seinen Untersuchungen die Genauigkeit der Formzahlermittlung größer, im zweiten geht die Ermittlung des Durchmessers in 5 m Höhe statt in halber Baumhöhe zuungunsten der Genauigkeit einfacher und damit schneller und bei Leitermessungen vor allem auch gefahrloser vonstatten.
Ich habe beide Möglichkeiten mit der jeweils gleichen Probestammzahl ausprobiert und komme unter Benutzung der gleichen g_i- und h_i-Werte wie im vorangegangenen Beispiel bei Verwendung der allgemeinen Berechnungsformel Kiefer

$$F_3 = \frac{D^1/_2}{D} - 4 \cdot 10^{-0,17\,D} + 20 \cdot 10^{-0,21\,H} - 0,212 \qquad (1)$$

und der Berechnungsformel Kiefer Norddeutschland

$$F_4 = (0,59 + 0,00625\,D)\frac{D_5}{D} + 0,00004\,D^2 - 0,0098\,D - 0,667 \cdot 10^{-0,12\,H}$$

$$+ 0,1\,\text{Bon}^2 \cdot 10^{-0,12\,H} + 0,074 \qquad (2)$$

$$= a \cdot D_5 - b + c$$

zu dem in Übersicht 13 dargestellten Ergebnis.
Nach dem Zahlenmaterial dieser Übersicht schneidet für unser Beispiel die Methode MITSCHERLICH schlechter als das ursprüngliche „Eberswalder Verfahren" mit 16 Probestämmen ab. Das Fehlerprozent — 3,81%, das uns die Formel mit $D^1/_2$ liefert, mag noch als erträglich angesehen werden, völlig unbrauchbare Werte liefert hingegen die zweite auf D_5 basierende mit einem Fehlerprozent — 7,68%. Der Arbeitsaufwand bei der Ermittlung des Ausgangsmaterials sowie

Übersicht 13

Klassen- und Bestandesmassen nach den MITSCHERLICHschen Formeln (1) und (2) im Vergleich mit den „wahren" Werten.

Dm-Klasse cm	Formel (1)		Formel (2)		durchschnittl. tatsächl. $f_{1,3Dh}$ der Probestämme in % d. „wahren" $f_{1,3Dh}$
	fm	% des „wahren" Werts	fm	% des „wahren" Werts	
1	2	3	4	5	6
<20	2,37021	99,85	2,27983	96,05	100,37
21–25	11,02023	95,92	10,77652	93,80	98,25
26–30	22,68198	95,59	22,08193	93,06	96,11
31–35	31,49556	96,28	29,63861	90,60	99,74
36–40	11,04803	96,08	10,76907	93,65	99,13
>40	4,30332	97,73	4,04376	91,84	100,01
Gesamt	82,91933	96,19	79,58972	92,32	

Umfang und Schwierigkeitsgrad der rechnerischen Auswertung — letztere kann von einfachen Rechenkräften oft gar nicht bewältigt werden — stehen in keinem Einklang zum Erfolg. Die Formeln scheinen doch zu generell zu sein, um sie „bestandesindividuell" anwenden zu können. Das entschuldigt auch nicht die Tatsache, daß in unserem Falle die durchschnittlichen wirklichen $f_{1.3Dh}$-Werte der jeweils 10 bzw. 3 Klassenprobestämme infolge der Streuungen der Bestandesformzahlkurve nicht völlig mit den „wahren" $f_{1.3Dh}$-Werten ihrer Klassen übereinstimmen, wie aus der Spalte 6 der Übersicht 13 hervorgeht.

423 *Das modifizierte „Eberswalder Verfahren" mit deduktiver Formzahl- und Massenherleitung über die „echte" Ausbauchungsreihe des Bestandes*

Die Begründung und technische Durchführung dieses Verfahrens habe ich unter 41 ausführlich dargelegt. Liegen wie in unserem Beispielsfalle nur 16 Durchforstungsstämme als Probestämme vor, so ist wie folgt vorzugehen:
Alle 16 Stämme werden nach 15 Sektionen gleicher relativer Länge wie unter 241.2 beschrieben aufgemessen. Dazu sind der jeweilige Brusthöhendurchmesser zu bestimmen, die Derbholzlänge mit der Derbholzgabel festzustellen und sämtliches Astderbholz eines jeden Stammes zu kubizieren. Zur Außenaufnahme gehören dann selbstverständlich weiterhin die Vollkluppung über Kreuz und zusätzliche Höhenmessungen am stehenden Stamm zur Konstruktion der Bestandeshöhenkurve, wie dies für das „Eberswalder Verfahren" stets erforderlich ist.
Die rechnerische Durchführung für das modifizierte Verfahren weicht dann nur in der Formzahl- und Massenermittlung vom bisherigen ab. Es wird zunächst aus den jeweils 15 Sektionsmittendurchmessern der 16 aufgemessenen Probe-

stämme die durchschnittliche „echte“ Ausbauchungsreihe berechnet und daraus über

$$\frac{1}{15} \cdot \sum_{1}^{15} \eta_i^2 = \lambda_{0,9(15)}$$

die durchschnittliche „echte“ Schaftholzformzahl bestimmt, wobei unterstellt wird, daß beide Werte, die „echte“ Ausbauchungsreihe und die „echte“ Schaftholzformzahl, für den Gesamtbestand repräsentativ sind. Nach den Untersuchungsergebnissen KRENNs (32, S. 88) würde diese Unterstellung nur bedingt als auch wirklich zutreffend anzusehen sein, da er zur Beschreibung der durchschnittlichen Form des Gesamtbestandes im Fehlerrahmen $\pm 1\%$ in homogenen Beständen die Verwendung von rund 20 Probestämmen im Bereich d_-/d_+ verlangt. Im Finowtaler Bestand erfüllen dagegen nur 11 der 16 Probestämme diese Bedingung. Aus allen 16 wurde $\lambda_{0,9(15)}$ hergeleitet. Es muß sich nun zeigen, inwieweit die zugehörige „echte“ Ausbauchungsreihe für die deduktive Herleitung der $f_{1,3\,Dh}$- und Einzelstamm-Massenwerte brauchbar ist. Nach den von mir auf Seite 82 unter 241.2 gemachten Angaben über die Genauigkeit der Bestandesschaftholzformzahl $\lambda_{0,9(15)}$ des Untersuchungsbestandes würde sie mit 16 Probestämmen mit 2,33% Genauigkeit bestimmt worden sein.

Zuvor soll noch untersucht werden, ob der Durchschnittswert $\lambda_{0,9(15)} = 0{,}5359$ der 16 Probestämme etwa einen signifikanten Unterschied gegenüber dem wirklichen Bestandesmittelwert aller 139 Stämme, $\lambda_{0,9(15)} = 0{,}5428$, aufweist. Es müßte dann der berechnete t-Wert den der Signifikanzschwelle entsprechenden Tabellenwert von t übersteigen. Für den mittleren Fehler der Differenz erhalten wir, wenn

$$s^2 = \frac{(Sx_1^2 - \bar{x}_1 \cdot Sx_1) + (Sx_2^2 - \bar{x}_2 \cdot Sx_2)}{n_1 + n_2 - 2},$$

$$s_D = \pm\sqrt{\left(\frac{0{,}104203 + 0{,}011674}{139 + 16 - 2}\right) \cdot \left(\frac{139 + 16}{139 \cdot 16}\right)} = 0{,}00726526.$$

Es ist dann

$$t = \frac{D}{s_D} = \frac{0{,}0069}{0{,}00726526} = 0{,}9497251.$$

Für $n_1 + n_2 - 2 = 139 + 16 - 2 = 153$ Freiheitsgrade steht diesem errechneten t-Wert bei einer Überschreitungswahrscheinlichkeit von $P = 0{,}05$ ein entsprechender Tabellenwert von $\approx 1{,}976$ gegenüber. Der Tabellenwert übertrifft den berechneten also um über das Doppelte. Die Differenz zwischen beiden Bestandesformzahlwerten liegt demnach ganz klar in ihrem Fehlerrahmen. Mathematisch-statistisch gesehen sind wir also berechtigt, $\lambda_{0,9(15)} = 0{,}5359$ und die dazugehörende „echte“ Ausbauchungsreihe

$\eta_i =$ 1,170 1,000 0,923 0,882 0,841 0,798 0,760 0,715 0,675 0,633 0,576 0,499 0,349 0,208 0,062 und

$$\sum_{1}^{15} \eta_i^2 = 1{,}369 + 1{,}000 + 0{,}852 + 0{,}778 + 0{,}707 + 0{,}637 + 0{,}578 + 0{,}511 + 0{,}456 + 0{,}401 + 0{,}332 + 0{,}249 + 0{,}122 + 0{,}043 + 0{,}004 = 8{,}038$$

als gültige Bestandesmittelwerte zu betrachten. Wir brauchen nun nur noch die zu den Klassenmitteldurchmessern gehörenden $d_{0,9}$-Werte, um über die obenstehende „echte" Ausbauchungsreihe rein deduktiv die Klassenformzahlen bzw. mittleren Klassenmassen herleiten zu können. Wir tragen dazu einfach die $d_{0,9}$-Werte der 16 Durchforstungsstämme über ihren $d_{1,3}$-Werten auf und gleichen das enge Streuband graphisch durch eine Gerade aus, wie es in Abb. 42 geschehen ist. Aus dieser Ausgleichsgeraden entnehmen wir die erforderlichen Wertepaare, die sich praktisch mit den „wahren" Werten der Übersicht 11 decken. Im Beispielsfalle ist außerdem das Astderbholz nicht zu vergessen. Das Astderbholzprozent $\Delta\%$ für die Klassenmittelstämme entnehmen wir der graphischen Ausgleichskurve der Abb. 43, so daß wir nun folgende Ausgangswerte für die Berechnung in den sechs 5 cm-Durchmesserklassen haben (Übersicht 14):

Übersicht 14

Dm-Klasse cm	$d_{1,3}$ cm	h m	$d_{0,9}$ cm	$\eta_{Dh.h.} = \frac{7\,cm}{d_{0,9}}$	$\Delta\%$
1	2	3	4	5	6
< 20	19,6	16,2	18,9	0,370	0,0
21—25	23,7	17,6	22,6	0,310	0,2
26—30	27,8	18,0	26,4	0,265	0,9
31—35	33,0	18,9	31,1	0,225	2,2
36—40	37,2	19,6	35,0	0,200	3,6
> 40	43,5	19,9	40,7	0,172	6,1

Die Berechnung selbst erfolgt wieder in der unter 41 gezeigten Art und führt zu folgendem Ergebnis:
Für die Schaftderbholzmasse des Bestandes errechnet sich ein Wert von

$$83{,}41262 \text{ fm} = 99{,}19\%$$

der „wahren" Masse und für die Gesamtderbholzmasse ein solcher von

$$84{,}98740 \text{ fm} = 98{,}59\%$$

der „wahren" Masse.
Die Massenfehler in den 5 cm-Durchmesserklassen sind aus Übersicht 15 zu entnehmen. Sie überschreiten nur in der stärksten Klasse, die aber nur 3 Stämme umfaßt, den Rahmen von $\pm 2\%$. Insgesamt schneidet also bei der „bestandesindividuellen" Massenberechnung von Finowtal 211 mit Hilfe des „Eberswalder Verfahrens" auf der Grundlage von 16 Probestämmen das zuletzt durchgeführte modifizierte Verfahren am besten ab. Es erfaßt die Gesamtmasse am genauesten,

die Klassenmassen vor allem in den massenreichsten Klassen ebenfalls genauer und bietet gleichzeitig den Vorteil, in der „echten“ Ausbauchungsreihe und Formzahl wahre, vergleichbare Formigkeitsweiser für die durchschnittliche

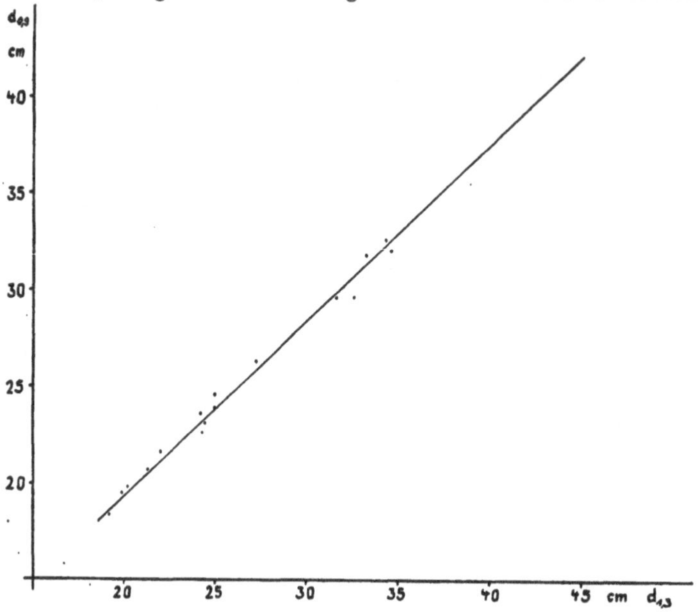

Abb. 42. Finowtal 211, Kiefer. $d_{0,9}$ der 16 „ideellen“ Durchforstungsstämme über $d_{1,3}$.

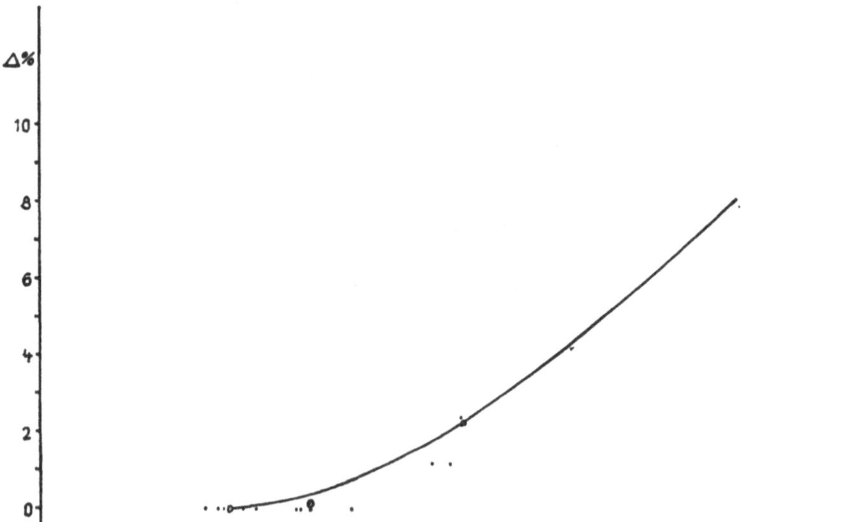

Abb. 43. Finowtal 211, Kiefer. Das Derbastholzprozent Δ% der 16 „ideellen“ Durchforstungsstämme über $d_{1,3}$.

Schaftform des Bestandes mitgeliefert zu haben. Die Genauigkeit des Verfahrens ist im Beispielsfalle beeinträchtigt durch die zu niedrige Erfassung des wirklichen Derbastholzprozentes des Bestandes über die 16 zur Verfügung stehenden Probestämme. Das Schaftderbholz allein wurde über die durchschnittliche „echte" Ausbauchungsreihe des Bestandes mit 99,19% des „wahren" Wertes erfaßt, und auch in den Klassenmassen ist hier die Genauigkeit größer, wie aus Übersicht 15 ersichtlich ist.

Übersicht 15

Die Ergebnisse der klassenweisen Massenberechnung nach 4 Methoden des „Eberswalder Verfahrens"

Dm-Klasse cm	Masse in % des „wahren" Wertes				
	Urspr. Verf.	MITSCHERLICH $\frac{D^1/_2}{D}$	MITSCHERLICH $\frac{D_5}{D}$	modif. Verfahren Gesamt-derbholz	modif. Verfahren Schaft-derbholz
1	2	3	4	5	6
< 20	100,10	99,85	96,05	101,17	101,31
21—25	98,38	95,92	93,80	98,00	98,31
26—30	98,12	95,59	93,06	98,19	98,75
31—35	97,57	96,28	90,60	98,22	98,64
36—40	98,05	96,08	93,65	99,87	100,85
> 40	96,50	97,73	91,84	100,27	102,81
Gesamt	97,91	96,19	92,32	98,59	99,19

424 *Das arithmetische Verfahren nach HOHENADL*

Wenn nur 16 willkürlich auf die Durchmesservariationsbreite verteilte Probestämme vorliegen, so kann für eine Bestandesmassenberechnung nach dem Verfahren HOHENADL nicht die ursprüngliche Form des Verfahrens mit zu fällenden Probestämmen in den Bereichen des d_-- und des d_+-Stammes in Frage kommen. Es muß dann der zweite Weg unter Zuhilfenahme stehender Probestämme beschritten werden, wie ihn KRENN sehr eingehend untersucht und auch für die Anwendung in der forstlichen Praxis empfohlen hat (32). Aber auch in dieser zweiten Form ist das Verfahren nicht unmittelbar im forstlichen Versuchswesen anwendbar, da es erstens Schaftholzmasse anstatt Derbholzmasse liefert und diese Schaftholzmasse auf Grund der ungenügenden Erfassung des Wurzelanlaufs durch die 5 Sektionen gleicher relativer Länge stets mit einem einseitigen negativen Fehler erfaßt. Die ENGSTLERschen Bemühungen zur Ausschaltung dieser Unzulänglichkeiten wurden unter 241.1 kritisch geprüft und seine vorgeschlagene Methodik auf Grund der Untersuchungsergebnisse als nicht ohne weiteres brauchbar im forstlichen Versuchswesen erachtet.

Für unser Beispiel soll daher die Verwendung der echten Schaftholzformzahl $\lambda_{0,9(15)}$ als Massenreduktionsfaktor den einseitigen negativen Massenfehler ausschließen, wogegen die Umrechnung des Schaftholzes in Schaftderbholz mit Hilfe der ENGSTLERschen Gipfelstück-Prozenttabelle (6, S. 36) durchgeführt werden soll, obwohl diese auch über die „echte" Ausbauchungsreihe hätte vorgenommen werden können. Die Derbastholzprozente für die beiden HOHENADLschen Mittelstämme werden der graphischen Ausgleichskurve der Abb. 43 entnommen, so daß das auf diese Art abgewandelte Verfahren HOHENADL mit stehenden Probestämmen erstmalig mit folgenden Ausgangswerten durchgeführt werden kann:

$N = 139$	$d_- = 23{,}5$ cm		$d_+ = 34{,}4$ cm
$\lambda_{0,9(15)} = 0{,}5359$	$g_- = 0{,}0434$ m²		$g_+ = 0{,}0929$ m²
	$h_- = 17{,}5$ m		$h_+ = 19{,}1$ m
	$q_{H-}^2 = 1{,}099$		$q_{H+}^2 = 1{,}154$
	Gipfelstück $\%_- = -1{,}75\%$		Gipfelstück $\%_+ = -0{,}7\%$
	$\Delta\%_- = 0{,}2\%$		$\Delta\%_+ = 2{,}6\%$

Die beiden Höhenwerte wurden dabei für die genauen Durchmesser der beiden Mittelstämme aus der Bestandeshöhenkurve abgelesen, die q_H^2-Werte aus kombinierten $d_{1,3}/d_{0,9}$-Messungen an 5 bzw. 11 Stämmen im $\pm 0{,}5$ bzw. ± 1 cm-Bereich der Mittelstämme gemittelt und auf die genauen Durchmesserwerte linear interpoliert, wie es die Methodik des Verfahrens verlangt.
Für die beiden Mittelstämme errechnet sich aus den Ausgangswerten zunächst folgende Schaftholzmasse:

$$v_{SH-} = g_- \cdot h_- \cdot \frac{\lambda_{0,9(15)}}{q_{H-}^2} \qquad v_{SH+} = g_+ \cdot h_+ \cdot \frac{\lambda_{0,9(15)}}{q_{H+}^2}$$

$$= 0{,}0434 \cdot 17{,}5 \cdot \frac{0{,}5359}{1{,}099} \qquad = 0{,}0929 \cdot 19{,}1 \cdot \frac{0{,}5359}{1{,}154}$$

$$= 0{,}37035 \text{ fm} \qquad = 0{,}82400 \text{ fm}$$

Sie ist in Schaft- und Gesamtderbholz umzurechnen durch Abzug der Gipfelstückmasse und Hinzufügen der Astderbholzmasse. Es ergeben sich hiernach für

	d_--Stamm	d_+-Stamm
Gipfelstück %	$-1{,}75\%$	$-0{,}7\%$
$\Delta\%$	$+0{,}2\%$	$+2{,}6\%$
=	$-1{,}55\%$	$=1{,}9\%$

als Umrechnungsprozente, so daß wir erhalten

v_{Dh-}	$= 0{,}37035$ fm	v_{Dh+}	$= 0{,}82400$ fm
	$-\ 0{,}00574$ fm		$+\ 0{,}01566$ fm
	$= 0{,}36461$ fm		$= 0{,}83966$ fm

Daraus ergibt sich als Bestandesderbholzmasse

$$V_{Dh} = \frac{v_{Dh-} + v_{Dh+}}{2} \cdot N = \frac{0{,}36461 + 0{,}83966}{2} \cdot 139$$

$$= 83{,}696765 \text{ fm}$$
$$= 97{,}09\% \text{ der „wahren" Masse.}$$

Mit diesem Massenwert rangiert das Verfahren HOHENADL sogar noch hinter dem „Eberswalder Verfahren" in seiner Ursprungsform. Die Ursache für das relativ ungünstige Ergebnis liegt in der zu niedrigen Ermittlung der Bestandesschaftholzformzahl im Vergleich zu ihrem „wahren" Wert mit Hilfe der nun einmal nur zur Verfügung stehenden 16 liegenden Probestämme. Damit zeigt sich sehr deutlich, wie sehr die Genauigkeit der von KRENN propagierten „Bestandesmassenermittlung mit Hilfe stehender Probestämme" (32) in Wirklichkeit von den ebenfalls erforderlichen liegenden Probestämmen abhängig ist. Es bleibt nun noch zu untersuchen, wie auf dem Umwege über die Massenlinie das eben angewandte HOHENADL-Verfahren die 5 cm-Durchmesserklassen-Massen wiedergibt. Vergleicht man die beiden Mittelstamm-Massen mit ihren entsprechenden „wahren" Massen, z. B. in Abb. 44, so fällt besonders der zu geringe Wert des d_+-Stammes auf. Danach ist von vornherein zu vermuten, daß sich einseitig negative Massenfehler in den stärkeren Durchmesserklassen ergeben. Diese errechnen sich auch tatsächlich, wenn man über die Wertepaare v/g der beiden HOHENADL-Stämme die entsprechende Massengerade berechnet und über diese die Bestandesmasse stärkeklassenweise bestimmt.
Es ist dazu folgende Rechnung erforderlich:

X = g m²	Y = v fm	x = X − X_m	y = Y − Y_m
d_-: 0,0434	0,36461	− 0,02475	− 0,237525
d_+: 0,0929	0,83966	+ 0,02475	+ 0,237525
$d_- + d_+$: 0,1363	1,20427	± 0,0	± 0,0

$$X_m = 0{,}06815 \qquad Y_m = 0{,}602135$$

x · x	x · y
0,0006125625	0,00587874375
+ 0,0006125625	+ 0,00587874375
= 0,0012251250 = [xx]	= 0,01175748750 = [xy]

$$y = \frac{[xy]}{[xx]} \cdot x = \frac{0{,}011\,757\,487\,50}{0{,}001\,225\,1250} \cdot x = 9{,}596969 \cdot x$$

$$Y - 0{,}602135 = 9{,}596969\,(X - 0{,}06815)$$
$$v = -\,0{,}051898 + 9{,}596\,969 \cdot g$$

Aus dieser Gleichung für die Massengerade werden nun die Klassenmassen in Übersicht 16 berechnet.

Übersicht 16

g des Klassen-mittel-stammes m²	9,596969 · g	9,596969 · g − 0,051898 = v fm	Klassen-stamm-zahl	Klassen-masse Sp. 3×4 fm	Klassenmasse in % des „wahren" Wertes
1	2	3	4	5	6
0,03018	0,289637	0,237739	10	2,37739	100,16
0,04421	0,424282	0,373384	30	11,20152	97,50
0,06061	0,581672	0,529774	44	23,31006	98,24
0,08528	0,818430	0,766532	41	31,42781	96,07
0,10873	1,043478	0,991580	11	10,90738	94,85
0,14890	1,428989	1,377091	3	4,13127	93,83
			Gesamt	83,35543	96,69

Die Massenfehler der 3 stärksten Durchmesserklassen sind demnach noch größer als diejenigen des MITSCHERLICHschen Verfahrens der Formzahlherleitung über $\frac{D^{1/2}}{D}$.

425 *Die graphischen Massenermittlungsverfahren*

Bei Verwendung von nur 16 liegenden Probestämmen für das Derbholzmassenkurvenverfahren von SPEIDEL (59), die noch dazu nur auf die Durchmesser $< d_+$ verteilt sind, muß von vornherein befürchtet werden, daß die Genauigkeit der Ausgleichskurve nicht besonders groß sein wird und sie im Durchmesserbereich $> d_+$ im wahrsten Sinne des Wortes in der Luft hängt. Nach SPEIDEL müßte die entsprechende Massentafelmassenkurve als „Krücke" verwandt werden, um letzteren Mangel auszugleichen. In Abb. 45 ist neben der Ausgleichskurve der 16 Wertepaare der Probestämme in gestrichelter Form diese Massentafelkurve eingezeichnet. Sie liegt stets unter der Ausgleichskurve, und diese Tendenz scheint sich im Durchmesserbereich $> d_+$, da wo die graphische Ausgleichskurve nur gutachtlich verlängert werden könnte, noch zu verstärken. Wird die Massenkurve der 16 Probestämme also in Anlehnung an die Massentafelkurve gezogen, so ist mit einem einseitig negativen Massenfehler insgesamt und in den Klassen zu rechnen. Die Abweichungen der beiden Massenkurven sind in unserem Falle dabei noch nicht einmal besonders groß. Sie können nach KRENN (32, S. 47) jedoch beträchtlich sein, und in diesen Fällen ist es sicher besser, die Masse von vornherein über das Massentafelverfahren zu berechnen, als den umständlicheren Weg über die aus wenigen Probestämmen unsicher ermittelte Massenkurve, die sich dann sowieso sehr stark auf Massentafelkrücken stützen müßte, zu benutzen. Die SPEIDELsche Massenkurve verliert in einem

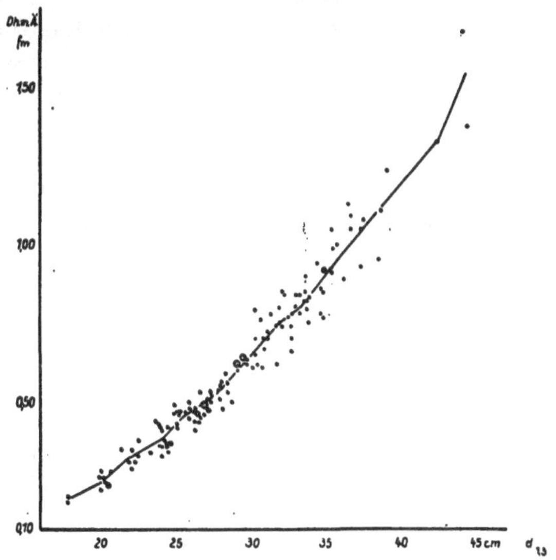

Abb. 44. Finowtal 211, Kiefer. Derbholzmasse sämtlicher 139 Stämme über dem Brusthöhendurchmesser = „wahre" Derbholzmassenkurve des Bestandes

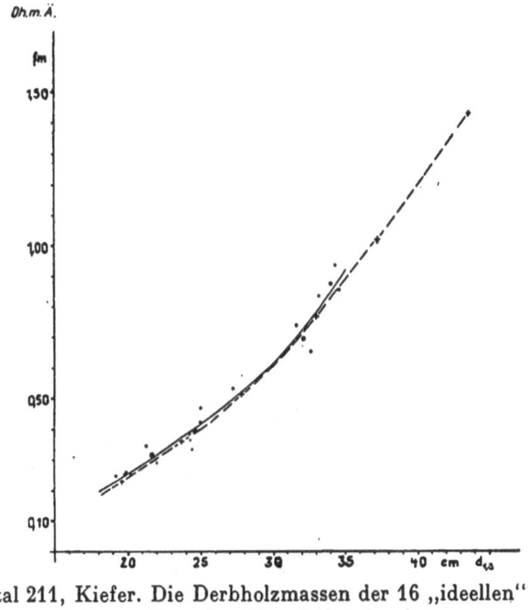

Abb. 45. Finowtal 211, Kiefer. Die Derbholzmassen der 16 „ideellen" Durchforstungsstämme über dem Brusthöhendurchmesser.

——————— = graphische Ausgleichskurve

+ – – – + = Massentafelmassenkurve

solchen Falle ihren ausgesprochenen Vorzug, „bestandesindividuelle“ Massen- und Formzahlaussagen zu geben.
Wir führen nun an Hand unseres Beispiels die Bestandesmassenberechnung nach SPEIDEL in der Form durch, daß wir die ersten 4 Mittelstamm-Massenwerte der Ausgleichskurve der 16 Probestämme in Abb. 45 entnehmen, die restlichen letzten beiden der Massentafelmassenkurve. Wir erhalten dann die in Übersicht 17 dargestellten Zahlenwerte.

Übersicht 17

Dm-Klasse cm	Klassen-mittel-durch-messer cm	Mittelstamm-Masse Massen-kurve fm	Mittelstamm-Masse Massen-tafel fm	Klassen-stamm-zahl	Klassen-masse (Sp. 3 bzw. 4×5) fm	Klassen-masse in % des „wahren“ Wertes
1	2	3	4	5	6	7
<20	19,6	0,241	—	10	2,410	101,53
21–25	23,7	0,375	—	30	11,250	97,92
26–30	27,8	0,530	—	44	23,320	98,28
31–35	33,0	0,784	—	41	32,144	98,26
36–40	37,2	—	1,020	11	11,220	97,57
>40	43,5	—	1,434	3	4,302	97,70
				Gesamt	84,646	98,19

Das SPEIDELsche Massenkurvenverfahren schneidet danach in der eben angewandten Form etwas günstiger als das „Eberswalder Verfahren“ in seiner ursprünglichen Form und nicht ganz so günstig wie das modifizierte „Eberswalder Verfahren“ mit deduktiver Formzahlherleitung ab. Nur in der durchmesserklassenweisen Massenermittlung fällt es aus erklärlichen Gründen in den starken Stärkestufen, die auf Massentafelbasis berechnet wurden, ab.
Es hat bisher nicht an Bemühungen gefehlt, die Schwächen des Massenkurvenverfahrens zu beseitigen, die es zweifellos aufweist, wenn vor allem im stärkeren Durchmesserbereich die Probestämme fehlen. So weist z. B. PRODAN (50, S. 143) darauf hin, daß „durch die Kenntnis der Ausgleichsmöglichkeit der Massenwerte durch statistisch allgemeine Funktionen die für das Verfahren charakteristische Konstruktion der Leitlinie aus den Massentafeln entbehrlich wurde und das Verfahren SPEIDEL deshalb als Übergang zu den modernen statistischen Verfahren betrachtet werden kann“. Der sichere Teil der Massenkurve wäre also mit Hilfe der Ausgleichsrechnung als Ausgleichsfunktion zu berechnen, woraus für alle Durchmesser des Bestandes die Masse berechnet werden könnte.
In neuester Zeit hat HAUSSER (14, S. 317) in Nutzanwendung dieser bestehenden statistischen Beziehungen den Vorschlag gemacht, das SPEIDELsche Verfahren in „einer Art Kombination mit dem HOHENADL-Verfahren“ anzuwenden. Die Erfahrung lehre, daß auch bei relativ wenigen Probestämmen in der Regel die Massenkurve wenigstens bis in den Bereich des HOHENADLschen

d_+-Stammes gezogen werden könne, während im jenseitigen Bereich die Streuung der nur noch spärlich vorhandenen Einzelstamm-Massenwerte zu groß werde, um den „wahren" Verlauf der Ausgleichskurve mit einigermaßen Sicherheit zu erreichen. Zur Kontrolle der aus diesem Grunde oft unsicheren Ergebnisse der Massenkurvenberechnung empfiehlt daher HAUSSER, die Massenwerte v_- und v_+ an der „bestandesindividuellen" Massenkurve abzugreifen und über

$$\frac{v_- + v_+}{2} \cdot N$$

die Bestandesmasse zu berechnen. Dieses Verfahren lieferte ihm „der Wirklichkeit sehr nahe kommende Werte". Für den Finowtaler Bestand fand ich diese HAUSSERsche Feststellung voll und ganz bestätigt. Aus der graphisch ausgeglichenen Massenkurve der 16 Probestämme (Abb. 45) können entnommen werden für

$$d_- = 23{,}5 \text{ cm} \qquad v_- = 0{,}3675 \text{ fm}$$
$$d_+ = 34{,}4 \text{ cm} \qquad v_+ = 0{,}871 \text{ fm.}$$

Daraus erhalten wir nach

$$\frac{0{,}3675 + 0{,}871}{2} \cdot 139 = 86{,}07575 \text{ fm}$$

eine Bestandesmasse, die 99,85% des „wahren" Werts beträgt und damit das genaueste Ergebnis aller bisher durchprobierten Massenberechnungsverfahren ist. Soll auch in diesem Falle die Verteilung der Gesamtmasse auf die 5 cm-Durchmesserklassen festgestellt werden, so ist diese Ermittlung wie beim HOHENADL-Verfahren über die Massengerade möglich.

Über die beiden Wertepaare v_-/g_- und v_+/g_+ (0,3675 fm/0,0434 m² und 0,871 fm/0,0929 m²) wird wiederum wie auf Seite 137 die Massengerade berechnet, für die sich in diesem Falle die Gleichung

$$v = -0{,}073953 + 10{,}171717\, g$$

ergibt. Daraus errechnet sich durch klassenweise Summierung eine Gesamtmasse von 85,68206 fm = 99,39% des „wahren" Werts, wobei wir in den 6 Durchmesserklassen Massenwerte von 98,17; 98,11; 100,61; 99,45; 98,72 und 98,16% des „wahren" Werts erhalten. Die Massengliederung wird also erstmalig in jeder Klasse mit einem Fehler $< -2\%$ gefunden, in den wichtigsten, massenreichsten beiden mittleren Klassen sogar mit +0,61 bzw. −0,55%.

Der Grund für diese verblüffend großen Genauigkeiten ist wohl einfach darin zu suchen, daß die v_-- und v_+-Masse nahezu als „wahrer" Wert der Probestamm-Massenkurve entnommen werden konnten und auf diese Weise dann die Massenberechnung nach der Ausgangsform des HOHENADL-Verfahrens, dessen methodische Fehlerlosigkeit KRENN ja klar nachgewiesen hat (32, S. 20), erfolgen konnte. Die sehr genaue Massenermittlung in den sechs 5 cm-Durchmesserklassen über die Massengerade, die aus den beiden nahezu „wahren“ v_-/g_-- und v_+/g_+-Wertepaaren berechnet wurde, beruht auf jeden Fall darauf, daß der Untersuchungsbestand dem „Massenliniengesetz“ gehorcht. Sie kann gleichzeitig als Beispiel für das „graphische“ Massenermittlungsverfahren der KOPEZKY-GEHRHARDTschen Linie (K. G.-Linie) mit Hilfe von in diesem Falle 16 Probestämmen gelten.

Die sehr guten Ergebnisse der eben beschriebenen „graphischen“ Massenermittlungsverfahren für Finowtal 211 müssen jedoch unter einer Einschränkung gesehen werden; sie werden auf jeden Fall versagen bzw. gar nicht anwendbar sein – auch nicht in der von HAUSSER vorgeschlagenen Kombination mit dem HOHENADL-Verfahren – wenn die zur Verfügung stehenden Probestamm-Massen nicht bis zum HOHENADLschen d_+-Stamm hin auf die Durchmesservariationsbreite verteilt sind, so daß die Massenkurve nicht bis zu diesem Durchmesser konstruiert und somit der v_+-Wert nicht daraus abgelesen werden kann. Für diesen Fall schlage ich eine Ausweichlösung vor, die allerdings nur für Bestände ohne Derbholzäste Anwendung finden kann. Es ist dies wiederum die deduktive Herleitung der beiden unechten Brusthöhenderbholzformzahlen $f_{1,3Dh_-}$ und $f_{1,3Dh_+}$ über die durchschnittliche „echte“ Bestandesausbauchungsreihe. Dieses Vorgehen ist hier ebenso berechtigt wie beim modifizierten „Eberswalder Verfahren“: $\lambda_{0,9(15)}$ und damit die dazugehörende „echte“ Ausbauchungsreihe sind von $d_{1,3}$ weitgehend unabhängig, für die Repräsentation ihrer durchschnittlichen Bestandeswerte müssen daher auch Einzelwerte genügen, die einseitig auf die schwächeren Durchmesserklassen verteilt sind. Aus der durchschnittlichen „echten“ Ausbauchungsreihe dieser Werte kann also auch die Schaftderbholzmasse des d_+-Stammes deduziert werden, während das evtl. erforderliche Derbastholzprozent in einem solchen Falle eben nicht zur Verfügung stehen würde.

Mit welcher Genauigkeit dieses Ausweichverfahren, also deduktive Herleitung von Derbholzformzahl und Masse der beiden HOHENADLschen Mittelstämme aus der „echten“ Ausbauchungsreihe, arbeiten kann, zeige ich wieder am Beispiel Finowtal 211 mit den 16 Probestämmen.

Das Ausgangsmaterial für die beiden Mittelstämme enthält Übersicht 18. Die darin enthaltenen $d_{1,3}$- und h-Werte gehen auf die Vollkluppung bzw. Bestandeshöhenkurve zurück, die $d_{0,9}$- und $\Delta\%$-Werte auf die entsprechenden graphischen Darstellungen (Abb. 42 u. 43), und die $\eta_{Dh.b.}$-Werte sind die üblichen Rechenwerte.

Übersicht 18

	d_--Stamm	d_+-Stamm
$d_{1,3}$	23,5 cm	34,4 cm
h	17,5 m	19,1 m
$d_{0,9}$	22,45 cm	32,4 cm
$\Delta\%$	0,2%	2,6%
$\eta_{Dh.b.}$	$\frac{7}{22,45} = 0,312$	$\frac{7}{32,4} = 0,216$

Die deduktive Herleitung der beiden Formzahlen und Massen erfolgt nun in der üblichen Weise. Es ergeben sich für

	d_--Stamm	d^+-Stamm
$f_{1,3\,Dh}$	0,4868	0,4871
v	0,36972 fm	0,86198 fm

und daraus

$$V = \frac{v_- + v_+}{2} \cdot N = \frac{0{,}36\,972 + 0{,}86\,198}{2} \cdot 139 = 85{,}60315\,\text{fm},$$

das sind 99,30% des „wahren" Werts. Dies ist ebenfalls eine sehr große Genauigkeit; sie würde auch erreicht werden, wenn die Probestämme nicht wie hier bis zum d_+-Stamm auf die Durchmesservariationsbreite verteilt wären, da ja auch dann mit einer annähernd gleichen „echten" Ausbauchungsreihe gearbeitet worden wäre. Im Gegensatz zu der sonst zu handhabenden Form des oben demonstrierten Ausweichverfahrens mußte der Astderbholzuschlag in diesem Falle für Vergleichszwecke erfolgen. Die Bestimmung des Derbastholzprozentes ist sonst ja gerade nicht möglich, wenn dieses Verfahren angewandt werden muß, da dann ja die Meßwerte für den d_+-Stamm fehlen.

426 *Tarifverfahren*

Nach der PRODANschen Systematik der Bestandesmassenermittlungsverfahren (50, S. 135) sind unter den Tarifverfahren die Massentafelverfahren und die eigentlichen Tarifverfahren zu verstehen. Bei allen diesen Verfahren erfolgt die Massenermittlung über mehr oder weniger detaillierte Einheitsmassenwerte für bestimmte Durchmesser und Höhen. Es liegt auf der Hand, daß sie auf Grund dieser Methodik im Einzelfall, also für den Einzelbestand, häufig ungenaue Werte liefern. Diese Fehler sind jedoch in den meisten Fällen abwechselnd positiv und negativ und gleichen sich daher bei Anwendung der Tarifverfahren für die Massenermittlung größerer Waldkomplexe erstaunlich gut aus. Die Verfahren genügen damit den Genauigkeitsansprüchen der Holzvorratsaufnahme in der forstlichen Praxis, für die „bestandesindividuelle" Massenermittlung im forstlichen Versuchswesen sind sie dagegen unbrauchbar (32, S. 2).
Wenn dennoch zum Abschluß der Betrachtung über die Genauigkeit einzelner Massenermittlungsverfahren im Vergleich mit dem modifizierten „Eberswalder Verfahren" nach den Probestammverfahren noch die wichtigsten Tarifverfahren im weiteren Sinne in die Prüfung am gewählten Beispiel einbezogen werden, so geschieht dies lediglich in Ausnutzung des Tatbestandes, daß dieser Test einmal an einem „wahren" Wert durchgeführt werden kann.
Wir betrachten die Ergebnisse des eigentlichen *Massentafelverfahrens*, des v. LAER*schen Formhöhenreihenverfahrens*, des v. LAER-SPIECKER*schen Einheitsmassenkurvenverfahrens*, des KRENN*schen Tarifs* und des KRÄUTER*schen Waldhöhentarifs*, ohne die als bekannt vorauszusetzende rechnerische Durchführung der Verfahren im einzelnen darzustellen.

Nach dem Massentafelverfahren wird die Masse ja bekanntlich 1 cm-durchmesserstufenweise berechnet und aufsummiert. Wir erhalten danach 83,118 fm = 96,42% des „wahren“ Werts. Fassen wir die 1 cm-Durchmesserstufen 5 cm-klassenweise zusammen, so erhalten wir in den 6 Klassen 94,5; 95,3; 95,5; 97,6 und 96,2% des jeweils „wahren“ Wertes. Der Finowtaler Bestand liegt also um durchschnittlich 4% über der Massentafelmasse. Alle nun folgenden Verfahren, bis auf den KRENNschen Tarif, der die Bestandesmasse summarisch wiedergibt, ermitteln die Bestandesmasse wohl auch über Durchmesserstufen oder -klassen, die jedoch wegen unterschiedlicher Klassengröße und Klassengrenzen nicht unmittelbar mit den 5 cm-Durchmesserklassen des „Eberswalder Verfahrens“ vergleichbar sind. Für diese Verfahren gebe ich daher nur die Gesamtbestandsmasse an. Die Genauigkeit in den 5 cm-Durchmesserklassen dürfte sich erfahrungsgemäß im gleichen Rahmen derjenigen der Gesamtbestandsmassenermittlung halten.
Aus den ursprünglichen v. LAERschen „Massenberechnungstafeln für Holzvorratsaufnahmen“ (36) auf 4 cm-Durchmesserstufenbasis erhalten wir durch Aufsummierung der Stufen - $g_i \cdot hf_i$ - Produkte den sehr brauchbaren Massenwert von 84,0 fm, das sind 97,43% des „wahren“ Werts. Über die Formhöhenreihen aus dem v. LAERschen „Ergänzungsband zu den ‚Massenberechnungstafeln‘“ (37) kommen wir zu genau demselben Ergebnis von 84,0 fm bei 4 cm-Durchmesserstufen, auf 2 cm-Durchmesserstufenbasis umgerechnet sogar auf 86,0 fm = 99,75% des „wahren“ Werts!
Mit Hilfe der v. LAER-SPIECKERschen „Massenberechnungstafeln zur Ermittlung von Vorrat und Zuwachs von Waldbeständen“ (38) wird die Masse von Finowtal 211 über die „Reihe K = 46,1 ≈ 46“ (Durchmesser des Zentralstammes $d_z = 31{,}3$ cm, Höhe des Zentralstammes $h_z = 18{,}7$ m) bei Anwendung des SPIECKERschen Massenreihenverfahrens nur mit 80,74 fm = 93,66% des „wahren“ Werts ermittelt, unter bewußt falscher Benutzung der nächsthöheren „Reihe K 47“ ebenfalls nur mit 82,61 fm = 95,83% des „wahren“ Werts. Vorstehende Angaben beziehen sich auf die Massenermittlung über 1- und 2 cm-Durchmesserstufen, bei derjenigen über 4 cm-Durchmesserstufen erhöhen sich die Prozentwerte auf 94,38% bzw. 96,20%. Die auf der Grundlage der SPIECKERschen Einheitsmassenkurven (Massenreihen) rein rechnerisch verbesserten v. LAERschen Formhöhenreihen ergeben wieder über die Eingangsgrößen „Reihe K 46“ oder — bewußt falsch, aber doch angewandt, weil besseren Wert liefernd — „Reihe K 47“ auf 2 cm-Stufenbasis 81,0 bzw. 82,0 fm (93,96 bzw. 95,12%), auf 4 cm-Stufenbasis 81,0 bzw. 83,0 fm (93,96 bzw. 97,43%). Die „verbesserten Formhöhenreihen“ sind also in diesem Falle zumindest in Gänsefüßchen zu setzen.
Es bleiben nun noch die Ergebnisse der beiden eigentlichen Tarifverfahren. Zu dem Durchmesser des Kreisflächenmittelstammes des Finowtaler Bestandes, $d_m = 29{,}4$ cm, gehört eine Mittelhöhe, die kleiner als 22,0 m ist. Der Bestand muß demzufolge über den KRENNschen U-Tarif berechnet werden (34).
Die U-Tarifmasse für $d_m = 29{,}4$ cm ist 0,649 fm. Demnach ist

$$V = v_m \cdot N = 0{,}649 \text{ fm} \cdot 139 = 90{,}211 \text{ fm}.$$

Diese berechnete Masse übertrifft den wahren Wert um $+4,64\%$. Für die Massenberechnung mit Hilfe des KRÄUTERschen Waldhöhentarifs (30) wurde der mittlere Tarif des Bestandes über 8 objektiv aus den 4 Durchmesserklassen 21–25; 26–30; 31–35 und 36–40 cm ausgewählte $h/d_{1,3}$-Messungen mit 5,50 bestimmt. Demnach ist der Tarif 5 für Nadelholz zur Massenberechnung zu verwenden. Es errechnen sich danach mit 80,89 fm nur 93,83% der „wahren" Masse. Wird fälschlicherweise der Tarif 6 benutzt, so wird die Masse mit 101,16% des „wahren" Werts gewonnen. Da bei der Tarifbestimmung die unteren Klassen dem Tarif 6, die oberen dem Tarif 5 entsprechen, wurde die Masse noch einmal für die ersten drei 5 cm-Durchmesserklassen nach Tarif 6, für die letzten 3 nach Tarif 5 berechnet. Auf diese Weise ergaben sich 83,87 fm = 97,29% des „wahren" Werts.
Zu den Ergebnissen der Tarifverfahren im weiteren Sinne kann für Finowtal 211 festgestellt werden, daß alle Verfahren, die sich mehr oder weniger stark auf die Massenwerte der GRUNDNER-SCHWAPPACHschen Massentafeln stützen, eine zu geringe Masse ergeben. Die Einzelstamm-Massenwerte dieses Bestandes übertreffen also die großen Durchschnittswerte der Massentafeln um einige Prozent. Der KRENNsche Tarif dagegen, der nicht auf diesen Massentafelmassen aufgebaut ist, liefert eine um denselben Prozentsatz zu hohe Masse. Bei dieser Gelegenheit sei nochmals die bereits auf Seite 13 erörterte Tatsache erwähnt, daß in den Massentafelmassen das Stockholz auf Grund der damals angewandten Methode des sektionsweisen Kubizierens nicht enthalten ist und allein schon dieses Umstandes wegen die auf die Massentafelmassen zurückgehenden Verfahren zu niedrige Massenwerte liefern müssen.

427 *Vergleich der erzielten Ergebnisse*

In den vorangegangenen 6 Teilabschnitten haben wir auf Grund der genauen Kahlschlagmassenaufnahme von Finowtal 211 an Hand eines „wahren" Wertes die Genauigkeit der wichtigsten Massenermittlungsverfahren sowohl des forstlichen Versuchswesens als auch der praktischen Forsteinrichtung und forstlichen Praxis für dieses spezielle Beispiel untersuchen können. Die für diese Untersuchung zur Verfügung stehende „wahre" Testmasse von nur 86,20690 fm Derbholz mit Rinde ist zwar nicht besonders groß, sie ist jedoch ein „wahrer" Wert mit genau bekannter Stärkeklassengliederung und bis ins einzelne analysierten massebildenden Faktoren. Daher ist sie m. E. für den Untersuchungszweck wertvoller als Hunderte oder Tausende von Festmetern vieler Bestände, die diesem „wahren" Wert nicht gleichzusetzen sind, weil sie nicht Stamm für Stamm sektionsweise aufgemessen sind.
Die für die einzelnen Verfahren gefundenen Genauigkeiten, ausgedrückt in Prozentwerten der jeweils „wahren" Werte, werden selbstverständlich dennoch nicht so verbindlich angesehen werden können, daß sie bei jeder Bestandesmassenberechnung den gleichen Prozentwert — womöglich auf 2 Stellen hinter dem Komma genau — ergeben. Das war in dieser Art des Testens der einzelnen Verfahren auch gar nicht vorgesehen. Es sollte lediglich an einem allerdings sehr sicheren Vergleichswert beobachtet werden, ob die von mir vorgeschlagene Ver-

besserung des „Eberswalder Verfahrens“ durch seine Modifizierung in Form der deduktiven Formzahlherleitung auch bei relativ ungünstiger Ausgangslage (16 Probestämme in nicht repräsentativer Verteilung auf die Durchmesservariationsbreite) ein positives Ergebnis bringen und in welchem Rahmen sich die entsprechenden Ergebnisse der anderen im forstlichen Versuchswesen ebenfalls brauchbaren Verfahren bewegen würden. Warum auch die Tarifverfahren, die für die Versuchsflächenmassenberechnung gar nicht in Frage kommen können, ebenfalls in die Prüfung einbezogen wurden, habe ich bereits zu Beginn des Teilabschnittes 426 gesagt. Ihre Ergebnisse interessieren nun in der abschließenden Betrachtung nicht mehr.

Wir halten vielmehr als entscheidende Tatsache fest, daß das modifizierte „Eberswalder Verfahren“ auch bei geringer Anzahl und ungünstiger Verteilung der vorhandenen Probestämme sowohl bei der Ermittlung der Gesamtmasse des Bestandes als auch besonders bei derjenigen der 5 cm-Durchmesserklassen die ursprüngliche Ausgangsform übertrifft. Dabei wird dieses sichere Ergebnis ohne nennenswerten Mehraufwand bei den Außenaufnahmen und bei der Berechnung gefunden. Bei Fortfall der starren 2m-Sektionierung zugunsten der Kubizierung nach 15 Sektionen gleicher relativer Länge wird in einem Arbeitsgang die „echte“ Ausbauchungsreihe der Schäfte ermittelt, die gleicherweise zu ihrer genauen Inhaltsermittlung wie zur sicheren Darstellung der Formverhältnisse im Bestande geeignet ist. Damit ist ein stets erstrebenswert gewesenes Ziel erreicht worden, eine Formzahl, die als genauer Massenreduktionsfaktor gleichzeitig Formzahl in des Wortes wahrer Bedeutung ist: ein Formigkeitsweiser. Die Einführung des modifizierten „Eberswalder Verfahrens“ in die Versuchsflächenmassenberechnung ist nicht nur aus diesem Grunde zu empfehlen, sondern einfach noch aus der Tatsache heraus, daß $\lambda_{0,9(15)}$ sich im Laufe der Bestandesentwicklung nur langsam verändert und daher bei einem geringen Anfall von Probestämmen dieselben von mehreren aufeinanderfolgenden Aufnahmen zur Herleitung der durchschnittlichen „echten“ Bestandesausbauchungsreihe und damit der unechten Derbholzformzahlen verwandt werden können. Es wird so niemals möglich sein, daß bei zwei aufeinanderfolgenden Aufnahmen durch ungünstige Probestammverteilung womöglich Formzahlkurven gegenläufiger Steigungstendenzen verwandt werden und damit Massenfehler entstehen, die sich vor allem auf die Bestimmung des Zuwachses verheerend auswirken.

Weiterhin wird noch empfohlen, sich nicht mehr wie bisher bei den Versuchsflächenberechnungen auf nur ein Verfahren zu verlassen, sondern zur Kontrolle noch ein weiteres, ebenfalls als sicher geltendes zu benutzen, wie dies bereits SPEER (58) und in jüngster Zeit wieder HAUSSER (14) vorgeschlagen haben. Nach den Prüfungsergebnissen der einzelnen Verfahren käme hierfür in erster Linie das SPEIDELsche Massenkurvenverfahren in Frage. Nach KRENN (32, S. 47) muß es ja die sichersten „bestandesindividuellen“ Massenwerte liefern, wenn die Massenkurve weitaus vom Normalen abweichend „eine Parabel höherer Ordnung oder eine irgendwie anders definierte Kurve wäre“, wofür dann aber

wiederum eine entsprechende Probestammzahl notwendig ist. Ist diese Bedingung nicht erfüllt, so sind dann ja immer noch die oben beschriebenen Ausweichverfahren möglich, wovon mir wiederum dasjenige mit der deduktiven Formzahlherleitung das sicherste und am meisten in Frage kommende zu sein scheint.
Grundsätzlich bleibt aber noch einmal festzuhalten, daß letzten Endes das modifizierte „Eberswalder Verfahren" vor allem auch bei niedriger Probestammzahl als das sicherste angesehen werden muß. Es stützt sich auf eine Höhenkurve, die theoretisch völlig fehlerfrei ermittelt werden kann und weist also nur Formzahlfehler — bei deduktiver Formzahlherleitung aber auch nur geringen Ausmaßes — auf. Schwache und geringe Probestämme bedingen bei der SPEIDELschen Massenkurve dagegen Formzahlfehler und Höhenfehler, die nicht voneinander isolierbar in den Einzelstamm-Massenwerten enthalten sind.
Das HOHENADL-Verfahren in seiner ursprünglichen Form (liegende Probestämme sowohl im d_-- als auch im d_+-Bereich) scheidet dieser Probestämme wegen für die Anwendung auf langfristigen Versuchsflächen aus, obwohl es in dieser Form eines der methodisch einwandfreiesten Verfahren ist. In der zweiten Form mit stehenden und liegenden Probestämmen brachte es kein besonders günstiges Ergebnis, so daß ich seine Anwendung auf Versuchsflächen nur in der kombinierten Form mit dem SPEIDELschen Verfahren empfehlen möchte.
Die MITSCHERLICHschen Berechnungsformeln erfordern als Grundlagenmaterial für ihre Anwendung und im Berechnungsgang selbst m. E. einen zu großen Arbeitsaufwand, und die dafür gefundenen Prüfergebnisse fallen derart aus dem Rahmen, wie es für ein „bestandesindividuelles" Massenermittlungsverfahren auch nicht in Ausnahmefällen vorkommen darf. Ihre Anwendung kann ich daher nicht empfehlen.

5 Zusammenfassung und Schlußbemerkung

51 Zusammenfassung

Die wichtigsten Ergebnisse vorliegender Untersuchungen können folgendermaßen zusammengefaßt werden:

1. Das von der Eberswalder Forstlichen Versuchsanstalt für die Massenberechnung entwickelte „Grundflächenverfahren" von SCHWAPPACH-FRICKE ist in seiner methodischen Herleitung fehlerfrei. Durch Mängel in der Art der Formzahlermittlung führt es jedoch häufig zu fehlerhaften Ergebnissen.
2. In seiner im Rahmen vorliegender Arbeit entwickelten modifizierten Form wird dieser Formzahlfehler weitgehend eliminiert und dadurch am ehesten eine „bestandesindividuelle" Massenermittlung für die ertragskundlichen Aufnahmen langfristiger forstlicher Versuchsflächen garantiert. Sie weist einen solchen Genauigkeitsgrad auf, daß auch der laufende Bestandesmassenzuwachs zwischen 2 periodischen Aufnahmen als einfache Differenz zwischen den beiden genau ermittelten Massen mit der im forstlichen Versuchswesen erforderlichen Genauigkeit berechnet werden kann.
3. Die „Modifizierung" des „Eberswalder Verfahrens" besteht in der deduktiven Herleitung der unechten Brusthöhenderbholzformzahl als Massenreduktionsfaktor aus der mittleren echten Ausbauchungsreihe des Bestandes auf der Grundlage der echten Schaftholzformzahl $\lambda_{0,9(15)}$. Durch die Erhebung dieser echten Schaftholzformzahl wird gleichzeitig ein wirklicher Weiser für die Formigkeit von Einzelstamm und Bestand gefunden.
4. Die Vorteile des „Eberswalder Verfahrens" in seiner ursprünglichen Form —
   5 cm-durchmesserklassenweise Ermittlung der Masse,
   völlige Vergleichbarkeit mit den ertragskundlichen Daten des SCHWAPPACH-WIEDEMANNschen Ertragstafelwerks,
   Ausnutzung der bei den Versuchsflächenaufnahmen mehr oder weniger zufällig anfallenden und ungleichmäßig auf die Durchmesservariationsbreite verteilten Durchforstungsstämme als Probestämme —

   sind bei der entwickelten modifizierten Form gleichfalls vorhanden. Der Durchforstungsanfall wird als Probestamm-Material im zweiten Falle auf Grund der unter 5a) und b) angegebenen günstigen Eigenschaften der echten Schaftholzformzahl $\lambda_{0,9(15)}$ rechnerisch weitaus mehr und besser zugunsten einer größeren Genauigkeit des Verfahrens ausgenutzt.

5. Die deduktive Herleitung der unechten Brusthöhenderbholzformzahl aus der mittleren echten Ausbauchungsreihe des Bestandes basiert auf den folgenden mathematisch-statistisch exakt untermauerten Erkenntnissen:
   a) Die echte Schaftholzformzahl $\lambda_{0,9(15)}$ und die ihr zugeordnete echte Ausbauchungsreihe auf der Grundlage von 15 Sektionen gleicher relativer Länge ist in allen Bestockungen, deren Durchmesserfrequenzkurven annähernde Normalverteilungen sind, analog der HOHENADLschen echten Schaftholzformzahl $\lambda_{0,9}$, unabhängig von Brusthöhendurchmesser, soziologischer Baumklasse, Baumhöhe und Wurzelanlaufquotient. Im Rahmen eines relativ geringen Streubereichs (Variabilitätskoeffizient = 5%) kann also für alle Stämme solcher Bestände die gleiche Schaftform angenommen werden.
   Die echte Ausbauchungsreihe repräsentiert damit einen mittleren Bestandesmodellstamm, ohne auf bestimmte absolute Durchmesser-, Höhen- und Formzahlwerte festgelegt zu sein.
   b) Die echte Schaftholzformzahl $\lambda_{0,9(15)}$ erfaßt im Gegensatz zur HOHENADLschen echten Schaftholzformzahl $\lambda_{0,9}$ als Massenreduktionsfaktor die Einzelschaftmasse mit derselben Genauigkeit wie die bisher als „wahr" angesehene Formzahl auf der Basis von starren 2 m-Sektionen, so daß keine Massenfehler bei Anwendung der Sektionierungsmethode nach 15 Sektionen gleicher relativer Länge entstehen und die Vergleichbarkeit mit den früheren Aufnahmen gegeben ist.
   Die „wahre" Schaftmasse wird mit annähernd gleicher Genauigkeit auch über 7 bzw. 9 statt 15 Sektionen erreicht, indem nur das unterste oder die ersten beiden untersten Fünftel des Schaftes mit jeweils 3 Sektionen der Länge L/15 belegt werden.
   In beiden Fällen erübrigt sich eine ohnehin nicht völlige sichere Korrektur der Schaftholzmasse nach HOHENADL über durchschnittliche Korrekturprozente von PRODAN oder ENGSTLER.
   c) Der Bezugsdurchmesser der echten Schaftholzformzahl, $d_{0,9}$, ist nahezu funktional abhängig vom Brusthöhendurchmesser $d_{1,3}$, so daß ohne Messungen an stehenden Stämmen einzig und allein mit Hilfe weniger Durchforstungsstämme rein graphisch $d_{0,9}$ für $d_{1,3}$ gefunden werden kann und auf diese Weise leicht die Massenbestimmung über die echte Ausbauchungsreihe auf der Brusthöhendurchmesserbasis möglich ist.
6. Zur Sicherung der Ergebnisse der Massenermittlung mit Hilfe des modifizierten „Eberswalder Verfahrens" empfiehlt sich die Anwendung der von HAUSSER vorgeschlagenen Kombination zwischen SPEIDELschem Massenkurvenverfahren und Verfahren HOHENADL, wobei die Massen der beiden HOHENADLschen Mittelstämme der SPEIDELschen Massenkurve zur weiteren rechnerischen Verwendung zu entnehmen sind.
7. Reichen die Probestammwerte zur sicheren Festlegung der SPEIDELschen Massenkurve im d_-/d_+-Bereich nicht aus, so können bei bekannten Höhen

dieser Mittelstämme ihre Massen ebenfalls wieder über die echte Ausbau chungsreihe hergeleitet werden.

8. Die ausgesprochenen Probestammverfahren z. B. von URICH, HARTIG und TISCHENDORF sowie das Verfahren des Kreisflächenmittelstammes scheiden für die Massenberechnung langfristiger forstlicher Versuchsflächen aus, da sie an bestimmte, besonders zu fällende Probestämme gebunden sind.

9. Das Verfahren TISCHENDORF weist zudem noch einen methodischen Fehler auf, der jedoch leicht ausgeschaltet wird, wenn die „korrigierten" Klassenmassen unter Benutzung der an Probestämmen gefundenen Formzahlen über die wirklichen Grundflächen- und Höhenwerte und nicht über die zunächst verwandten Massentafelwerte errechnet werden.

10. An dem „wahren" Bestandesmassenwert von Finowtal 211 wurde die Genauigkeit mehrerer im forstlichen Versuchswesen anwendbaren Probestammverfahren und der wichtigsten für die Holzmassenermittlung der Praxis in Frage kommenden Tarifverfahren überprüft. Danach bringen die besten Ergebnisse die von HAUSSER vorgeschlagene Kombination zwischen SPEIDELschem Massenkurven- und HOHENADL-Verfahren und das modifizierte „Eberswalder Verfahren", wobei letzteres bei Vorhandensein nur sehr weniger und einseitig verteilter Probestämme allein noch „bestandesindividuelle" Massenwerte liefert. Nicht befriedigende Ergebnisse lieferte die Massenberechnung über das „Eberswalder Verfahren" unter Benutzung der MITSCHERLICHschen Formzahlformeln.

    Die Tarifverfahren ergaben einseitig negative Massenfehler von durchschnittlich 4–5%, soweit sie auf die GRUNDNER-SCHWAPPACHschen Massentafeln zurückgehen. Der KRENNsche Tarif dagegen ermittelte die Masse um 4% zu hoch.

11. Eine von ASSMANN vorgeschlagene Herleitung der unechten Brusthöhenderbholzformzahl für Massenberechnungszwecke aus der Beziehung $f_{1,3Dh} = f(q_H)$ wurde einmal am Probestamm-Material der Harzfichte und zum anderen am Material der Vollaufnahme Finowtal 211 ausprobiert. Die Straffheit der Beziehung $f_{1,3Dh}/q_H$ wird bei der Fichte mit einem Korrelationskoeffizienten $r = -0,7153 \pm 0,0341$ und bei dem Derbastholz enthaltenden Kiefernbestand immerhin noch mit einem $r = -0,6247 \pm 0,0517$ gekennzeichnet, so daß bei der Massenberechnung für Fichte Ergebnisse mit Fehlern $< \pm 2\%$ erzielt werden können.

12. Aus der nachgewiesenen „statistisch gesicherten" Unabhängigkeit der echten Schaftholzformzahl vom Brusthöhendurchmesser ergeben sich dafür folgende weitere wichtige Anwendungsmöglichkeiten:
    a) Mathematisch-statistische Sicherung von Formigkeits- und Massenunterschieden von Waldbeständen;
    b) Analyse des Entwicklungsganges der Bestandesformigkeit im Laufe des Bestandeslebens mit Hilfe von Stammanalysen.

In Anwendung dieser Möglichkeiten wurden die Ergebnisse unter 13. bis 15. gefunden.

13. Mittelalte, dichtgehaltene Fichtenbestände des Harzes sind ohne Unterschied des Standortes „statistisch gesichert“ vollformiger als solche Bestände, die seit frühem Bestandesalter in Form der Schiffeldurchforstung stets stark durchforstet werden.

    Da nach HILDEBRANDT für die dichtgehaltenen Bestände eine ebenfalls „statistisch gesicherte“ höhere Bestandesraumdichte zu veranschlagen ist, muß die mäßige Durchforstung unter den im Harz gegebenen Verhältnissen im Hinblick auf eine Massen- und Zuwachshöchstleistung an Masse, Güte und Wert als die günstigste betrachtet werden.

14. Die echte Bestandesschaftholzformzahl ist der einzige ertragskundliche Faktor, der auf Grund von Stammanalysen als Bestandeswert bis in früheste Bestandesalter zurückverfolgt werden kann. Sie steigt für Fichtenbestände besserer Ertragsklasse in mittleren Lagen des Harzes mit zunehmendem Bestandesalter nur wenig über den Zeitpunkt der Kulmination des laufenden Massenzuwachses hinaus verhältnismäßig steil an, um danach nur allmählich weiter anzusteigen, gleichzubleiben oder sogar wieder leicht abzufallen. In diesem Entwicklungsgang scheinen charakteristische Unterschiede zwischen extrem unterschiedlich durchforsteten Beständen zu bestehen:

    Bis zur Kulmination des laufenden Massenzuwachses haben stark durchforstete Harzfichtenbestände besserer Ertragsklasse höhere Formzahlen als mäßig durchforstete, um im weiteren Verlauf des Bestandeslebens — unter Umständen durch Unterschreiten der kritischen Grundflächenhaltung — weitaus abformiger als die dichtgehaltenen Bestände zu werden.

15. Im 47jährigen Kiefernprovenienzversuch Chorin 85 bestehen „statistisch gesicherte“ Unterschiede in der Formigkeit der Provenienzen, die eine exakte Einschätzung von Massen- und Wertsunterschieden der darin untersuchten Provenienzen ermöglichen.

    Bezüglich der Formigkeit läßt sich folgende fallende Reihenfolge der Provenienzen aufstellen: Ostpreußen, Belgien, Kurland, Südfrankreich, Brandenburg, Schottland, Rheinpfalz, wobei „statistisch gesicherte“ Formigkeitsunterschiede zwischen der ostpreußischen Kiefer und allen anderen angebauten Provenienzen bis auf Belgier und Kurländer bestehen. Letztere beiden sind „statistisch gesichert“ vollformiger als Schotten und Rheinpfälzer.

52 Schlußbemerkung

Die vorliegenden Formzahluntersuchungen mit dem Ziel der Verbesserung von Holzmassen- und -zuwachsermittlung langfristiger forstlicher Versuchsflächen waren der weiteren Klärung des holzmeßkundlichen und ertragskundlichen Problems „Formzahl“ gewidmet. Wenn im Zuge dieser Untersuchungen für die

Massen- und Zuwachsberechnung langfristiger forstlicher Versuchsflächen das „Eberswalder Massenberechnungsverfahren" so modifiziert werden konnte, daß es durch die Herleitung echter Schaftholzformzahlwerte aus dem zahlenmäßig oft nur gering anfallenden Durchforstungsmaterial sowohl brauchbare Formigkeitsweiser als auch sichere unechte Formzahlen zur „bestandesindividuellen" durchmesserklassenweisen Massenermittlung ermöglicht, so muß es als für diesen Zweck brauchbarstes Verfahren erachtet werden. Demgegenüber treten die weiteren Untersuchungsergebnisse über die echte Schaftholzformzahl $\lambda_{0,9}$ zurück. Im übrigen scheint mir durch die weitgehende Anwendung mathematisch-statistischer Rechenmethoden zur Stützung der Untersuchungsergebnisse und zu mancherlei Beweisführung ein erneuter „praktischer Beweis" dafür erbracht worden zu sein, „daß die Mathesis bei dem Forstwesen unentbehrliche Dienste thun" (ÖTTELT 1764).

Zusammenfassung

In vorliegender Arbeit wird unter weitgehender Einschaltung mathematisch-statistischer Rechenmethoden die Brauchbarkeit der echten Schaftholzformzahl $\lambda_{0,9}$ von HOHENADL zur Schaftformdarstellung und zur genauen Massen- und Zuwachsermittlung im langfristigen forstlichen Versuchswesen untersucht. Die Untersuchungen ergaben, daß diese echte Schaftholzformzahl in einer abgewandelten Herleitung über 15 Sektionen gleicher relativer Länge als $\lambda_{0,9\,(15)}$ am besten die Forderung erfüllt, sowohl ein „wahrer" Formigkeitsweiser als auch ein genauer Massenreduktionsfaktor zu sein. Da sie weiterhin weitgehend unabhängig vom Brusthöhendurchmesser und ihr Bezugsdurchmesser $d_{0,9}$ dagegen nahezu funktional mit dem Brusthöhendurchmesser verbunden ist, kann die zur „bestandesindividuellen" Massenermittlung mit Hilfe des „Eberswalder Grundflächenverfahrens" erforderliche unechte Brusthöhenderbholzformzahl $f_{1,3\,Dh}$ deduktiv über $\lambda_{0,9\,(15)}$ hergeleitet werden, wobei ohnehin anfallende Durchforstungsstämme als Probestämme ausreichen. Der Fehlerrahmen des auf diese Weise modifizierten „Eberswalder Grundflächenverfahrens" wird auf $\pm 2\%$ vermindert. Alle anderen untersuchten Verfahren ergeben unter gleichen Bedingungen ungenauere Ergebnisse.

Die gute Brauchbarkeit der echten Schaftholzformzahl $\lambda_{0,9}$ zur Schaftformdarstellung wird an Hand eines großen Unterlagenmaterials der Eberswalder Forstlichen Versuchsanstalt erneut bestätigt.

Summary

Using widely mathematical-statistical methods, HOHENADL's true stem form factor $\lambda_{0,9}$ is examined as to its suitability for describing the stem form and determining exactly the volume of stands and increment in long-time forest experiments.

The examinations showed that the demand for a "true" form indicator as well as for an exact reducing factor of stand volume is satisfied best by this true stem

form factor $\lambda_{0,9\,(15)}$ derived from 15 sections of the same relative lenght. Moreover the form factor is greatly independent of the breast-height diameter and, on the other hand, its reference diameter $d_{0,9}$ is almost functionally connected with the breast-height diameter. Thus the breast-height form factor for compact wood (over 7 cm top) $f_{1,3Dh}$ required for determining the volume of the individual stand can deductively be derived from $\lambda_{0,9\,(15)}$ with the aid of the "Eberswalde basal area method of stand volume determination", thinning trees available in any case being sufficient for sample trees. The range of errors of the "Eberswalde basal area method of stand volume determination" modified in this way is reduced to $\pm 2\%$. All other methods examined on the same conditions show more inexact results.
The suitability of the true stem form factor $\lambda_{0,9}$ for describing the stem form is proved again by numerous data of the Eberswalde Forest Experiment Station.

КРАТКОЕ СОДЕРЖАНИЕ — РЕЗЮМЕ

Исследуется путем расчетных методов статистики пригодность настоящего видового числа $\lambda_{0,9}$ Хохенадля для обозначения формы ствола и для точного определения запаса и прироста крупной древесины в рамке долгосрочных лесоводственных испытаний. Было доказано, что настоящее видовое число ствола, полученное модифицированным расчетом на основе 15-и стволовых колод той же относительной длины: $\lambda_{0,9(15)}$ является наиболее пригодным настоящим показателем формы ствола как и наиболее точным переводным множителем запаса крупной древесины. В виду независимости этого числа от диаметра на высоте груди и тесной связи диаметра: $d_{0,9}$ с диаметром на высоте груди представляется возможным, непосредственно вычислять необходимое для определения запаса отдельных древостоев по „методу площади сечений стволов, им. Эберсвальде“ ложное видовое число ствола на высоте груди: $f_{1,3Dh}$, исходя из настоящего видового числа: $\lambda_{0,9(15)}$. Вырубаемые при изреживании стволы могут послужить в качестве пробных стволов. Пределы ошибок модифицированного „метода им. Эберсвальде“ снижаются таким образом до $\pm 2\%$. Все остальные методы дают, при таких же условиях, менее точные результаты.
На основе обширного материала, собранного институтом по лесоводству гор. Эберсвальде, снова подтверждается пригодность настоящего видового числа ствола: $\lambda_{0,9}$ для обозначения формы ствола.

6 Literaturverzeichnis

(1) ALTHERR, E.: Vereinfachung des HOHENADLschen Massenermittlungsverfahrens durch Verwendung des „echten" Formquotienten. Mitteilungen der Württembergischen Forstlichen Versuchsanstalt 1953, **X**, H. 2, S. 1—44

(2) ALTHERR, E.: Genaue Sortimentierung und Bewertung von Nadelholzbeständen mit Hilfe „echter" Ausbauchungsreihen. Forstwissenschaftliches Centralblatt 1953, **72**, 193—210

(3) ASSMANN, E.: Untersuchungen über die Höhenkurven von Fichtenbeständen. Allgemeine Forst- und Jagdzeitung 1943, **119**, 77—88, 105—123, 133—151 und 1944, **120**, 16—25

(4) ASSMANN, E.: Grundflächen- und Volumenzuwachs der Rotbuche bei verschiedenen Durchforstungsgraden. Forstwissenschaftliches Centralblatt 1950, **69**, 256—286

(5) DITTMAR, O.: Eine mathematisch-statistische Auswertung zweier Düngungsversuchsreihen auf armen Talsanden des nordostdeutschen Diluviums. Archiv für Forstwesen 1953, **2**, 552—586

(6) ENGSTLER, F.: Abweichung und Berichtigung der Einzelstamm- und Bestandesmessung nach dem Verfahren „Hohenadl" gegenüber der Massenermittlung nach 2 m-Sektionen. Mitteilungen der Württembergischen Forstlichen Versuchsanstalt 1955, **XII**, H. 1, S. 1—43

(7) ERNST, F.: Die Formzahl der Fichte in ihrer Abhängigkeit vom Schlußgrad und Bestandesaufbau. Forstwissenschaftliches Centralblatt 1934, **56**, 448—460, 485 bis 496

(8) ERTELD, W.: Die Entwicklung einiger Kiefernprovenienzversuche im Land Brandenburg. Der Züchter 1950, **20**, 91—99

(9) FISHER, R. A.: Statistical Methods for Research Workers. 1950, 11. Ausgabe, 354 S., London und Edinburgh, Oliver and Boyd

(10) FLURY, PH.: Einfluß verschiedener Durchforstungsgrade auf Zuwachs und Form der Fichte und Buche. Mitteilungen der Schweizerischen Central-Anstalt für das forstliche Versuchswesen 1903, **VII**, 1—246

(11) GRAF, U. und HENNING, H.-J.: Formeln und Tabellen der mathematischen Statistik. 1953, 102 S., Berlin/Göttingen/Heidelberg, Springer-Verlag

(12) GRUNDNER und SCHWAPPACH: Massentafeln zur Bestimmung des Holzgehaltes stehender Waldbäume und Waldbestände. 1928, Siebente Auflage, 126 S., Berlin, Verlagsbuchhandlung Paul Parey

(13) GRUNDNER und SCHWAPPACH: Massentafeln zur Bestimmung des Holzgehaltes stehender Waldbäume und Waldbestände. 1952, Zehnte völlig neu bearbeitete Auflage, herausgegeben von R. SCHOBER, 213 S., Berlin und Hamburg, Verlag Paul Parey

(14) HAUSSER, K.: Ergebnisse der Überprüfung verschiedener Methoden der Massenermittlung bei Kiefer auf Grund von Kahlschlagaufnahmen. Allgemeine Forst- und Jagdzeitung 1954, **125**, 314—319

(15) HILDEBRANDT, G.: Untersuchungen an Fichtenbeständen über Zuwachs und Ertrag reiner Holzsubstanz. 1954, 133 S., Berlin, Deutscher Verlag der Wissenschaften

(16) HOHENADL, W.: Neue Grundlagen der Holzmessung. Forstwissenschaftliches Centralblatt 1922, **44**, 55—68, 109—117, 150—159, 184—194, 233—240 und 1923, **45**, 131—141

(17) HOHENADL, W.: Ziele und Methoden der forstlichen Forschung oder „Praktischer Beweis, daß die Mathesis bei dem Forstwesen unentbehrliche Dienste tue" (Öttelt 1764). Forstwissenschaftliches Centralblatt 1923, **45**, 186—194, 226—232, 261—272 und 1924, **46**, 611—625, 655—666, 709—721, 756—760

(18) HOHENADL, W.: Der Aufbau der Baumschäfte. Forstwissenschaftliches Centralblatt 1924, **46**, 460—470, 495—508.

(19) HOHENADL, W.: Vergleichsversuche und Produktionsstatistik. Forstwissenschaftliches Centralblatt 1927, **49**, 436—448, 514—524, 675—687, 732—741, 780—792, 827—841

(20) HOHENADL, W.: Die Berechnung des Holzgehaltes von Beständen mit Hilfe von zwei Mittelstämmen. Centralblatt für das gesamte Forstwesen 1929, **55**, 26—37

(21) HOHENADL, W.: Alte und neue Verfahren von Bestandesberechnungen. Forstwissenschaftliches Centralblatt 1931, **53**, 381—392, 434—446

(22) HOHENADL, W.: Die Vereinfachung der Bestandesberechnung. Forstwissenschaftliches Centralblatt 1932, **54**, 681—693, 734—745

(23) HOHENADL, W.: Einführung in die Bestandesberechnung mit Hilfe von zwei Mittelstämmen. Forstwissenschaftliches Centralblatt 1939, **61**, 261—280

(24) HOHENADL, W.: Leistungsprüfung und Rationalisierung. Forstwissenschaftliches Centralblatt 1940, **62**, 1—9, 36—44

(25) HOPMANN, J.: Forstmathematik in Forschung und Unterricht. 1951, 235 S., Hann.-Münden, vervielfältigt im Rotaprint-Verfahren bei der Forstlichen Fakultät Hann.-Münden

(26) HOSSFELD, J. W.: Niedere und höhere praktische Stereometrie. 1812, 255 S., Leipzig

(27) HUGERSHOFF, R.: Ausgleichsrechnung, Kollektivmaßlehre und Korrelationsrechnung im Dienste von Technik, Wissenschaft und Wirtschaft. 1948, 2. Auflage, 86 S., Bad Liebenwerda-Berlin

(28) INTERNATIONALER VERBAND FORSTLICHER FORSCHUNGSANSTALTEN: Richtlinien für die Ausführung von Ertragsuntersuchungen. 1936, 35 S., München, Universitäts-Buchdruckerei Dr. C. Wolf & Sohn

(29) KÖNIG, G.: Hilfstabellen der Forstmathematik, 1842, Gotha, Verlag Becker

(30) KRÄUTER, G.: Die Bedeutung bekannter Tarifverfahren für praktische Holzvorratsaufnahmen sowie Vorschlag und Begründung eines neuen Tarifsystems für Massenermittlung, Zuwachsberechnung und Ertragsklassenbildung. 1954, Dissertation Humboldt-Universität zu Berlin

(31) KRENN, K.: Über Näherungsverfahren zur Berechnung der Durchmesser der Hohenadl'schen Mittelstämme, dargestellt an einem extremen Bestandsbeispiel. Allgemeine Forst und Jagdzeitung 1940, **116**, 228—234

(32) KRENN, K.: Die Bestandesmassenermittlung mit Hilfe stehender Probestämme mit einem Anhang von

(33) KRENN, K. und PRODAN, M.: Die Bestimmung der echten Schaftholzformzahl und Ausbauchungsreihe aus dem echten Formquotienten. Schriftenreihe der Akademie der Deutschen Forstwissenschaft 1944, **8**, 1—147

(34) KRENN, K.: Tarife zur Massenberechnung von Beständen. Schriftenreihe der Badischen Forstlichen Versuchsanstalt 1948, H. 6, 1—41

(35) KRUTZSCH, H. und LOETSCH, F.: Holzvorratsinventur und Leistungsprüfung der naturgemäßen Waldwirtschaft. 1938, 164 S., Neudamm, Neumann-Verlag

(36) v. LAER, W.: Massenberechnungstafeln für Holzvorratsaufnahmen. 1936, 79 S., Berlin, Verlag von Paul Parey
(37) v. LAER, W.: Formhöhenreihen. Ergänzungsband zu den „Massenberechnungstafeln". 1938, 81 S., Berlin, Verlag von Paul Parey
(38) v. LAER, W. und SPIECKER, M.: Massenberechnungstafeln zur Ermittlung von Vorrat und Zuwachs von Waldbeständen. 1951, 102 S., Frankfurt am Main, J. D. Sauerländer's Verlag
(39) LINDER, A.: Statistische Methoden für Naturwissenschafter, Mediziner und Ingenieure. 1951, 2. Auflage, 238 S., Basel, Verlag Birkhäuser
(40) LOETSCH, F.: Massenzuwachsermittlung durch Bohrspanproben unter Verwendung mathematisch-statistischer Methoden. Zeitschrift für Weltforstwirtschaft 1953, **16** (3), 77—98
(41) MEYER, H. A.: Über den Verlauf des Stärkezuwachses als Funktion des Durchmessers. Schweizerische Zeitschrift für Forstwesen 1932, **83**, 236—240
(42) MEYER, H. A.: Methods of Forest Growth Determination. Bulletin 435 Pennsylvania State College, School of Agriculture, 1942 (12)
(43) MITSCHERLICH, G.: Untersuchungen über die Derbholzformzahl und neue Wege zu ihrer Ermittlung. Mitteilungen aus Forstwirtschaft und Forstwissenschaft 1942, **XIII**, 377—426
(44) MITSCHERLICH, G.: Der Einfluß der Bestandesdichte auf den Zuwachs der Rotbuche in Nord- und Westdeutschland. Forstwissenschaftliches Centralblatt 1954, **73**, 193—211
(45) MUDRA, A.: Einführung in die Methodik der Feldversuche. Landwirtschaftliche Wissenschaft. Eine Lehrbuchreihe für Studium und Praxis 1952, **IV**, S. 1—178
(46) NÄSLUND, M.: Antalet provträd och höjdkurvans noggrannhet. Die Anzahl der Probestämme und die Genauigkeit der Höhenkurve. Meddelanden från Statens Skogsförsöksanstalt 1929, Häfte 25, 93—170
(47) PESCHEL, W.: Neuere Verfahren der Bestandesmassenermittlung nach Probestämmen, ihre mathematisch-statistische Begründung und ihre Erprobung an einem praktischen Beispiel. Tharandter Forstliches Jahrbuch 1936, **87**, 889—921 und 1937, **88**, 1—50
(48) PRESSLER, M. R.: Supplemente zur Allgemeinen Forst- und Jagdzeitung 1860, **II.**, 66—98
(49) PRODAN, M.: Die Bestimmung des Massenzuwachses von Beständen mit Hilfe des Massenzuwachsprozentes. Forstwissenschaftliches Centralblatt 1949, **68**, 292—299
(50) PRODAN, M.: Messung der Waldbestände. 1951, 260 S., Frankfurt am Main, J. D. Sauerländer's Verlag
(51) PREUSSISCHE VERSUCHSANSTALT FÜR WALDWIRTSCHAFT — Abteilung für Ertragskunde — Eberswalde: Technische Einzelheiten bei der Aufnahme von Versuchsflächen
(52) RIETZ, H. L.: Handbuch der mathematischen Statistik. Deutsche Ausgabe. Herausgeber F. BAUR, 1930, 285 S., Leipzig und Berlin, Verlag und Druck von B. G. Teubner
(53) RICHTER, A.: Aufgaben und Methodik gegenwartsnaher Forsteinrichtung. Archiv für Forstwesen 1952, **1**, 31—46
(54) RICHTER, A.: Fragen der Holzvorrats- und Zuwachsinventur im Walde. Archiv für Forstwesen 1955, **4**, 467—480
(55) RINIKER, H.: Über Baumform und Bestandsmasse. Ein Beitrag zur forstlichen Statik. 1873, 77 S., Aarau
(56) SCHWAPPACH, A.: Zur Methode der Massenermittlung bei forstlichen Versuchsarbeiten. Zeitschrift für Forst- und Jagdwesen 1891, **23**, 517—529

(57) SCHWAPPACH, A.: Leitfaden der Holzmeßkunde. 1923, 3. Auflage, 147 S., Berlin, Verlag von Julius Springer

(58) SPEER, W.: Über die Genauigkeit einiger Massenermittlungsmethoden, dargestellt an praktischen Beispielen. Allgemeine Forst- und Jagdzeitung 1938, **114**, 385—401

(59) SPEIDEL, E.: Beiträge zu den Wuchsgesetzen des Hochwaldes und zur Durchforstungslehre. 1893, 116 S., Tübingen

(60) THIELE, H.: Die Berechnung einer Ausgleichsfunktion 2. Grades und des dazugehörigen Korrelationskoeffizienten über Klassenwerte (unveröffentlicht)

(61) TISCHENDORF, W.: Lehrbuch der Holzmassenermittlung. 1927, 218 S., Berlin, Verlagsbuchhandlung Paul Parey

(62) WEISS, H.: Untersuchungen über Formverhältnisse von Kiefernbeständen in Thüringen und Brandenburg. 1954, 115 S., Diplomarbeit der Forstwirtschaftlichen Fakultät Eberswalde

(63) WIEDEMANN, E.: Die Versuche über den Einfluß der Herkunft des Kiefernsamens. Zeitschrift für Forst- und Jagdwesen 1930, **62**, 498—522

(64) WIEDEMANN, E.: Anweisung für die Aufnahme und Bearbeitung der Versuchsflächen der Preußischen Forstlichen Versuchsanstalt. 1931, 47 S., Neudamm, Verlag von J. Neumann

(65) WIEDEMANN, E.: Die Fichte 1936. Mitteilungen aus Forstwirtschaft und Forstwissenschaft 1936, **VII**, 1—62 und 1937, **VIII**, 103—248

(66) WIEDEMANN, E.: Ertragstafeln der wichtigsten Holzarten. 1949, 100 S., Hannover, Verlag M. & H. Schaper

(67) WIEDEMANN, E.: Ertragskundliche und waldbauliche Grundlagen der Forstwirtschaft. 1951, 346 S., Frankfurt am Main, J. D. Sauerländer's Verlag

(68) WILLERS, F. A.: Methoden der praktischen Analysis. 1950, 2. verbesserte und erweiterte Auflage, 410 S., Berlin, Walter de Gruyter & Co.

FSC
www.fsc.org
MIX
Papier | Fördert
gute Waldnutzung
FSC® C083411

Kolibri 360 GmbH
Ferdinand-Jühlke-Straße 7
99095 Erfurt, Deutschland
produktsicherheit@kolibri360.de